相似模型试验原理

宋彧 编著

人民交通出版社股份有限公司
China Communications Press Co.,Ltd.

内 容 提 要

本书中详细叙述了相似的本质,拓展和细化了相似定理,即把传统的相似三定理细化成 11 定理,其中有 5 个性质定理,5 个性质推论和 1 个判定定理。对相似模型设计理论、相似型经验公式建立的方法和步骤进行了更通俗的描述,首次提出了试验组织原理的概念,并对论文写作格式做了归纳。全书共分 9 章,包括相似与变尺、相似模型设计原理、相似准则函数关系分析原理、试验内容设计原理、减少相似准则数量分析原理、组分方程线性回归原理、试验组织原理、创建相似型经验公式、试验类期刊论文写作格式等内容。

本书适合理工科在校硕士、博士研究生、高校教师以及相关的科学技术研究人员阅读,也可作为理工类在校本科生和工程技术人员知识拓展读物。

图书在版编目(CIP)数据

相似模型试验原理 / 宋彧编著 . —北京:人民交通出版社股份有限公司,2016.9
ISBN 978-7-114-13196-7

Ⅰ.①相… Ⅱ.①宋… Ⅲ.①相似性理论 ②结构模型—模型试验 Ⅳ.①O303 ②N94

中国版本图书馆 CIP 数据核字(2016)第 161371 号

书　　名:	相似模型试验原理
著 作 者:	宋　彧
责任编辑:	赵瑞琴
出版发行:	人民交通出版社股份有限公司
地　　址:	(100011)北京市朝阳区安定门外外馆斜街 3 号
网　　址:	http://www.ccpress.com.cn
销售电话:	(010)59757973
总 经 销:	人民交通出版社股份有限公司发行部
经　　销:	各地新华书店
印　　刷:	北京鑫正大印刷有限公司
开　　本:	787×1092　1/16
印　　张:	4.25
字　　数:	95 千
版　　次:	2016 年 9 月　第 1 版
印　　次:	2016 年 9 月　第 1 次印刷
书　　号:	ISBN 978-7-114-13196-7
定　　价:	18.00 元

(有印刷、装订质量问题的图书由本公司负责调换)

序　　言

　　知识来自积累，书，是知识积累的固化；就像路是人走出来的道理一样，书，便是人类交流与传承需求的人为产物。

　　相似理论属于数学的范畴，如何将这一数学概念变成技术工具，为理工科类专业进行模型试验设计直接服务，是目前的一种普遍需求。顺天应人，宋彧教授汇总了自己近30年在土木工程结构试验教学中对相似模型设计的相关理论问题不断地探索的体会，编撰了这本短小的《相似模型试验原理》。

　　从描述"缩尺"和"变尺"两个概念开始，沿着试验工作程序的技术路线，作者本着突出原理应用的技术原则，分9章（及附录）把相似模型试验设计的原理逐次展开，直至试验成果的表达。其中具有特色的内容在于首先细化和发展了相似原理；提出了"基础物理量"和"函数物理量"的概念，给出了充当"基础物理量"和"函数物理量"的必要条件，使相似模型设计的思想通俗化；其次在试验组织原理中引入了"PPIS"循环的概念；作者还附带介绍了有关试验类论文的写作格式，并且在附件中展示了一份自己早期完成的木结构试验模型设计的案例，使得该书让初学者更易理解。

　　《相似模型试验原理》将理论介绍和自身实践经验融为一体，自成系统，从试验理论发展的角度看，不乏是一种进步。

兰州理工大学　杜永峰
2016年6月于兰州

前　　言

世界之庞大，难以想象。人类能够感知到的估计还不到世界总量的零头。就在人类能够感知的一小点内容中，对任一体会者个体而言其量就更微乎其微了。写书就是把这微乎其微的一点感知用符号语言的方式表达出来。受符号语言表达能力局限性的影响，所感知内容的丰富程度在写的过程中就不可避免地会出现衰减，如同把感知到的较为丰富的大树经过语言符号一表达，就剩粗枝了，大量的叶子难免就被衰减了。

读书的过程是读者把作者写的语言符号组织起来，还原作者对世界感知原貌的过程。对书本所描写现象的还原程度一方面取决于读者自身的阅读能力，另一方面还与作者写书时所运用语言符号的有机性和易懂性有关，书写的入理、形象、简捷则还原易，反之则难。把书能厚知薄写，帮助读者用最短的时间还原作者对世界的最大感知，是一种艺术。

本书以通过试验手段建立相似性经验公式来解决工程问题为目标，详细地叙述了相似原理的 6 个定理及其应用，引入了"基础物理量"和"函数物理量"两个新名词，使模型设计的概念和过程变得简单具体；紧扣试验背景，描述了相似准则的两种函数关系；接着对试验组织和试验数据处理的理论依据做了简明的阐述；以举例的方式把建立相似性经验公式的方法和步骤进行了详细的描述；最后结合期刊论文的写作格式，以附录的形式把"雀替木结构受弯构件相似模型设计与试验研究"一文作为范例展示给了读者。

从"如何形象理解相似理论的量纲分析原理"[4]开始，经过"相似理论内容的扩充与分析"[7]，直至写完这本书，对如何用简单的举例或形象的比喻来代替繁复的数学证明，把相似原理从抽象的数学世界中粘弹出来，进行了一些尝试，有点感知，今天把这点感知写出来，以飨读者。

一家之言，难免有错谬之处，望能用扬弃的态度读之。

感谢红柳学科团队的资助！

感谢杜永峰先生为本书写序！

目　　录

1 相似与变尺 ··· 1
   1.1 概述 ·· 1
   1.2 共性 ·· 1
   1.3 个性 ·· 2
   1.4 小结 ·· 3
   思考题 ··· 3
2 相似模型设计原理 ··· 4
   2.1 概述 ·· 4
   2.2 相似概念 ··· 6
   2.3 相似原理 ··· 7
   2.4 量纲分析 ··· 13
   2.5 模型设计 ··· 15
   思考题 ·· 18
3 相似准则函数关系分析原理 ·· 19
   3.1 概述 ·· 19
   3.2 乘积关系 ··· 19
   3.3 总和关系 ··· 21
   思考题 ·· 23
4 试验内容设计原理 ··· 24
   4.1 设计原则 ··· 24
   4.2 设计原理 ··· 24
   4.3 设计结果 ··· 25
   思考题 ·· 26
5 减少相似准则数量分析原理 ·· 27
   5.1 减少的原则 ·· 27
   5.2 单值条件更新法 ··· 27
   5.3 基本量纲扩充法 ··· 29
   5.4 小结 ·· 31
6 组分方程线性回归原理 ·· 32
   6.1 概述 ·· 32
   6.2 确定组分方程形式 ·· 32
   6.3 求组分方程式的系数 ······································ 32

  思考题 ·· 36
7 试验组织原理 ·· 37
 7.1 组织的意义 ·· 37
 7.2 组织的基本理论 ·· 38
 7.3 试验的 PPIS 循环 ·· 39
  思考题 ·· 42
8 创建相似型经验公式 ·· 43
 8.1 用教材方式表达 ·· 43
 8.2 用论文方式表达 ·· 47
  思考题 ·· 47
9 试验类期刊论文写作格式 ·· 48
 9.0 概述 ·· 48
 9.1 试验研究的特点 ·· 48
 9.2 论文的组成及其功能 ··· 48
 9.3 主体的组成及其功能 ··· 49
 9.4 正文的组成及其功能 ··· 50
 9.5 小结 ·· 51
附录 雀替木结构受弯构件相似模型设计与试验研究 ································ 52
 F0 引言 ·· 52
 F1 试验模型设计 ··· 52
 F2 试验组织 ·· 53
 F3 结果分析 ·· 55
 F4 小结 ·· 58
参考文献 ·· 59

1 相似与变尺

导读

变尺就是原型的尺寸被放大或缩小,只注重外形的(或外在)模拟,对质(或内在)没有模拟要求,而相似模型不仅强调和注重外形,更强调模型与原型在质总量上的一致性或同步性,变尺模型与原型的其他单值条件不一定存在对应的相似关系。

1.1 概述

随着科学技术的不断发展,新的学科以及各学科中新的概念层出不穷。就《建筑结构试验》课程已有的教学内容而言,只有相似模型的概念,没有缩尺模型这个名词。在"结构试验的分类"一节中,现有版本的教材中只讲按实验对象不同,结构试验有真型试验与模型试验之分,对模型试验只从缩小尺寸的角度进行了简单的阐述,对模型的概念只说模型是真型的仿制品或复制品。在有的教材中,把缩尺模型试验叫作小构件试验。从试验学科发展的角度出发,在这一章节的内容中提出模型按模型设计理论可分为相似模型与变尺模型的新概念,并从不同的角度和侧面进行详细的对比分析,旨在将模型试验的概念给初学者阐述清楚。

1.2 共性

1.2.1 存在真型

相似模型与变尺模型两者都有原型。当人们对某系统了解还不够多,而日益增长的生活需求更需要了解它,但由于各种客观原因(比如试验能力、测试方法、社会资源等)的制约,往往难以实现用直接试验的方法了解和验证该系统全部的或部分的性能。此时,最有效的办法就是根据试验目的,按照一定的条件来模仿该系统,得到原系统的仿制品或复制品,代替原系统来完成试验研究。人们把原系统叫作真型,把具有原系统全部或部分性能的原系统的仿制品或复制品叫作模型。

模型就是模拟真型全部或部分性能的装置(即复制品或仿制品)。从这个意义上讲,相似模型与变尺模型是相同的。若换个角度看,相似模型不但注重系统外在的相似,而且更注重系统内在的相似,但变尺模型只注重系统外在的相似,不注重系统内在的相似,它们有明显的不同。

1.2.2 可以变尺

相似模型与变尺模型两者都强调变尺。变尺就是尺寸被放大或被缩小的尺寸,变尺模型包括缩尺模型和扩尺模型两类。即在试验设计时,有的模型比真型小,比如航模、大江大河模型、建筑物模型等;有的模型则比真型大,比如动物血液循环毛细血管中的动力学问题的试验研究模型,分子化学结构及其化学作用的分析模型,等等。

在尺寸设计上相似模型和变尺模型一样,可以将大体积、特大体积缩小;也可以将小体积,甚至微观体放大。

1.3 个性

1.3.1 大小比例本质有别

相似模型与变尺模型在设计比例上存在着本质的差别。相似模型除了设计比例的内容比较丰富而外,还强调保持其原型的本质,即始终保持原型质的总量不变。比如,原型是4000mm×200mm×400mm 的木梁,若把比例缩小成 400mm×20mm×40mm,且用原材料制作;这个模型作为缩尺模型是合格的,就是 1∶10 的小构件;而作为相似模型,则是不合格的,因为其质的总量只剩 1‰了,不符合相似模型的本意,相似模型就是强调在变小或变大的过程中质的总量不变,在工程试验中很难做到这一点,"畸变"一词就是这样产生的。

1.3.2 设计内容存在差异

变尺模型在设计时只讲尺寸的变化,而相似模型设计时的内容比较丰富。在时程变化方面,只有相似模型能够将模型的时程变得比真型快,比如石油在开采过程中,油井的渗流现象比较慢。又比如在对渗流现象进行模拟试验研究时,则需要将渗流过程加快;有的模型则比真型慢,比如对子弹运动轨迹的研究、地面运动加速度对建筑物破坏过程的研究都需要将其变化过程变慢,还有边界条件、初始状态,等等。即相似模型既可以将变化过程极为缓慢的现象加快,也可以将稍纵即逝的现象放慢。变尺模型则专指或单一强调将大尺寸真型缩小或小尺寸真型放大的试验模型。

相似模型的设计内容详见 2.2"相似概念"一节。

1.3.3 设计理论各自独立

设计理论的不同是相似模型与变尺模型在概念上的根本区别。相似模型有自己独特的设计理论,一为相似概念,一为相似原理。

相似是用决定现象的各个单值所对应的相似常数来表示的,现象的各个单值之间是相互约束的,所以单值所对应的相似常数就不是孤立的,它们之间存在着必然的联系。这是相似概念的核心内容。

相似原理由现象相似的 5 个性质定理、5 个性质推论以及现象相似的判定定理组成。相似理论是一门新学科,相似判定定理在 20 世纪中叶由苏联专家完成。

变尺模型没有自己专用的设计理论,其模型与真型的设计理论相同。比如,简支梁的设计内容有支座处的斜截面抗剪强度、跨中的正截面抗弯强度以及跨中最大挠度等。一根简支木梁的变尺模型就是一根小的简支木梁,其设计内容与计算方法与真型的完全相同。

1.3.4 试验结果分析方法不同

相似模型的试验过程步骤主要有:

(1)根据任务明确试验的具体目的和要求,选择适当的模型材料。
(2)针对任务所研究的对象,用相似理论为依据,确定相似准数。
①确定影响结构性能的物理量;
②用函数物理量的概念求出相似准则。
(3)根据试验条件,确定相似常数。
①根据已经确定的相似准则的函数形式,确定相似条件。
②根据实验能力,设计几何尺寸。
③根据相似条件,确定相似常数。
(4)绘制模型施工图,设计试验方案,试验方案中试验数量不受正交设计方法等试验设计理论的支配,受组分方程数量的影响,其自成体系。
(5)建立经验公式。
因为相似模型具有很强的针对性,所以模型试验的结果能够直接推广到真型上去。
变尺模型的试验过程步骤主要有:
(1)根据任务明确试验的具体目的和要求,选择适当的模型材料。
(2)根据实验能力,确定几何尺寸。
(3)绘制模型施工图,设计试验方案,试验方案直接受试验设计理论支派。
(4)理论值与试验值进行比较,验证理论的正确性,用已经被验证的理论指导实践,或揭示某种现象。
因为变尺模型在实践中没有一一对应的针对性,所以其试验结果不能直接推广到真型上去。

1.3.5 试验目的不一样

相似模型的试验目的是为了解决目前理论上还没有彻底解决的某一具体工程的应用问题,应用范围很广,遍布很多学科。相似模型试验不论试验设计还是试验组织都有一定难度,所以相似模型的应用频率比较低。

变尺模型的试验目的是为了验证真型的设计理论的真实性或揭示某种现象,相对而言与力相关的学科应用较多,其他学科应用较少,所以应用范围较小,由于试验设计和试验组织都比较容易,所以应用频率较高。

1.4 小结

综上所述,相似模型与变尺模型有不同的试验目的,有各自独立的设计理论,对试验结果有独立的处理方法。所以,两者有严格而又清晰的分界线,模型应该分为相似模型和变尺模型两类。相应地,模型试验应该分为相似模型试验和变尺模型试验两类。

思考题

1.区分变尺与相似的概念。
2.理解相似、相似模型的本质。

2 相似模型设计原理

导读

1.在传统观念上,相似原理只有3个定理的描述,俗称相似三定理(2个性质定理和1个判定定理)。但现象相似后其表现出来的性质远比2个多。通过相关工作的参与,对相似原理有一点新的认识,这里要描述的相似定理有5个,还另有5个推论。这样相似定理就有11个了。

2.在求相似准则时,需要用现象的一些单值条件去表示现象的其他单值条件,往往读者就误认为是用基本物理量去表示导出物理量。如何避免这种现象,办法只有一个,需要给两部分物理量重新按合适的名称(如基础物理量、函数物理量),大家一看就明白,且用基础物理量来表示函数物理量很顺理也成章。

3.不是任意的物理量都能够充当基础物理量,基础物理量还必须要具备适当的条件。

4.相似准则只能用单项式表示,目前没有用多项式表达相似准则的数学基础。

2.1 概述

结构中的构件研究属于局部问题的研究,大都采用足尺的结构试验;而对于整体结构的研究考虑到试验设备能力和经济条件等因素,通常采用缩尺例的结构模型试验。

结构模型试验所采用的模型,是仿照实际结构按一定相似关系复制而成的代表物,它具有实际结构的全部或部分特征。只要设计的模型满足相似的条件,通过模型试验所获得的结果,就可以直接推算到相似的原型结构上。

在工程问题的研究中,采用相似模型可使问题描述的参数减小。土木工程结构的力学现象,往往需要多个参数才能进行描述。比如影响混凝土设计强度的因素至少有6个,但通过无量纲组合,就可以将其减少为3个,其中的两个就是大家熟悉的保罗米公式,从而使复杂问题大为简化。

2.1.1 模型试验的优点

(1)经济性好。由于结构模型的几何尺寸一般原型小很多,模型尺寸与原型尺寸的值多为1/2~1/6,但有时也可取1/10~1/20,因此模型的制作容易,装拆方便,节省材料、劳力和时间,并且同一个模型可以进行多个不同目的的试验。尤其是能够减少未知量,使试验由繁变易,节约研究成本。比如,保罗米公式的建立就是典型的一例。

(2)针对性强。结构模型试验可根据试验目的,突出主要因素,简略次要因素。这对于结构性能的研究、新型结构的设计、结构理论的验证和推动新的计算理论的发展都具有一定的意义。

(3)数据准确。由于试验模型小,一般可在试验环境条件较好的室内进行试验,因此可以严格控制其主要参数,避免许多外界因素的干扰,容易保证试验结果的准确度。

德国的H·霍斯多尔夫将几种结构分析进行了比较,如图2.1所示。图中将问题难易程度作为横向坐标,以解决问题所需的相对能力作为竖向坐标,勾画出常规分析、计算机分析和模型分析的三条曲线。图上水平轴上定出的两条定性分界线,第一条为困难分界线即理论假定渐近线,是按照结构和材料承载能力的理论确

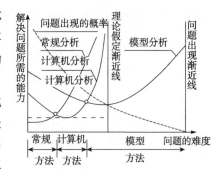

图2.1 分析方法的比较

定的;第二条是问题出现渐近线,超过该界线,就只能设想,而无法建造。虽然计算机分析和常规分析更快、更方便合理,并且能解决一些复杂的弹塑性理论问题,但是它的解答能力也是有限的。从图上来看,只要问题一旦接近第一条渐近线,计算机分析解答所需的能力会沿渐近线急剧上升,和常规方法曲线相同,都会遇到它们不能跨越的界限。结构模型试验因具有不受内力计算时某些简化假定影响的独特价值,所以模型分析曲线可以跨越两条分界线,可以更好地揭示出不能定量探索的区域。

除此之外,相似模型试验还具有能及性、变时性和唯一性。即能及未及之事,早知后知之事,唯有相似模型试验"能及未及之事,早知后知之事"的唯一手段。

总之,结构模型试验的意义不仅是确定结构的工作性能和验证有限的结构理论,而是能够使人们从结构性能有限的理论知识的束缚中解放出来,将设计活动扩大到实际结构的大量有待探索的领域中。

2.1.2 模型试验的局限性

(1)相似模型的本质在于,原型放大或缩小后其物质不变。即物质的点距仅随着比例在空间上增大或缩小而已。所以,在构件设计时,模型的条件往往不能满足,即模型的"畸变"现象就在所难免,会给试验带来一定的困难。对于"畸变"现象的理解,在本章"2.5 模型设计"中公式(2.24)有解释。

(2)相似模型试验结果的"正确性"是相对的,在很大程度上依赖人们对现象的主观判断。因为需要研究的事物往往是人们不太了解的事物。所以,试验结果往往摆脱不了已有的、局限的实践经验的限制。

(3)在量纲分析时难辨量纲相同的量、零量纲的量,更难辨量中的主次性,建立相似准则时容易漏项等,都是相似模型试验分析方法的不足。

(4)鉴于目前的数学理论,不能支撑用多项式来定义相似准则,相似准则的表达就只能用单项式这一种形式了。比如牛顿第二定律可以用 $\dfrac{F}{ma}=1$ 来描述,初速度为零的自由落体运动 $S=\dfrac{1}{2}gt^2$ 能够用 $\dfrac{S}{gt^2}=0.5$ 来描述。当自由落体运动的初速度不为零时,用一个单项式就不能够表达了。但是"不能用多项式来定义相似准则"不等于"不能用多项式来描述现象",

即任何现象总是最大限度地能够用单项式或多项式表达。

2.1.3 模型试验的应用范围

(1) 代替大型结构试验或作为大型结构试验的辅助试验。许多受力复杂、体积庞大的构件或结构物,往往很难进行实物试验,这是因为现场试验难以组织,室内的足尺试验又会受经济能力和室内的空间限制,所以常用模型试验代替。对于某些重要的复杂结构,模型试验可作为实际结构试验的辅助试验。实物试验之前先通过模型试验获得必要的参考数据,这样可使实物试验工作更有把握。

(2) 作为结构分析计算的辅助手段。当设计受力较复杂的结构时,由于设计计算存在一定的局限性,往往通过模型试验进行结构分析,以弥补设计上存在的不足,核算设计计算方法的适应性,比较设计方案。

(3) 验证和发展结构设计理论。新的设计计算理论和方法的提出,通常需要一定的结构试验来验证,由于模型试验具有较强的针对性,故验证试验一般均采用模型试验。

模型试验由于模型制作尺寸存在一定的误差,故常与计算机分析相配合,试验结果与分析计算结果互相校核。此外,模型试验对某些结构局部细节起关键作用的问题很难模拟,如结构连接接头、焊缝特性、残余应力、钢筋与混凝土间的握裹力以及锚固长度等,故对这种结构在进行模型试验之后,还需进行实物试验做最后的校核。

模型试验一般包括模型设计、制作、测试和分析总结等几个方面,中心问题是如何设计模型。

2.2 相似概念

2.2.1 相似的含义

这里所说的相似是指模型和真型相对应的物理量的相似,比通常所说的几何相似概念更广泛。在进行物理变化的系统中,第一过程和第二过程相应的物理量之间的比例保持为常数,这些常数间又存在互相制约的关系,这种现象称为相似现象。

在相似理论中,系统是按一定关系组成的同类现象的集合,现象就是由物理量所决定的、发展变化中的具体事物或过程。这就是系统、现象和物理量三者之间的关系。两个现象相似是由决定现象的物理量的相似所决定的。

下面简略介绍与结构性能有关的几个主要物理量的相似。

2.2.2 相似量的表达

为了表达方便,约定凡是下标为 p 的物理量均表示为原型(prototype)的物理量;凡是下称为 m 的物理量均表示为模型(model)的物理量。

1) 几何相似

如果模型上所有方向的线性尺寸均按实物的相应尺寸用同一比例常数确定,则模型与原型的几何尺寸相似。几何相似用数学形式可表达为:

$$C_l = \frac{l_m}{l_p} = \frac{l'_m}{l'_p} \tag{2.1}$$

式中：C_l——几何相似常数；

l——长度尺寸的物理量。

凡模型与原型在某一方向的尺寸不满足式(2.1)条件的，则设计的模型为变态相似模型。

2）荷载相似

如果模型所有位置上作用的荷载与原型在对应位置上的荷载方向一致，大小成同一比例，则称为荷载相似。用公式表达为：

$$C_P = \frac{P_m}{P_p} = \frac{P'_m}{P'_p} \tag{2.2}$$

式中：C_P——荷载相似常数；

P——静荷载物理量。

3）时间相似

所谓时间相似不一定必须强调相同的时刻，而是指只要对应的时间间隔保持同一比例，用公式表达为：

$$C_t = \frac{t_m}{t_p} = \frac{t'_m}{t'_p} \tag{2.3}$$

式中：C_t——时间相似常数；

t——描述时间间隔物理量。

4）质量相似

要求模型的质量与真型的质量在相应时间间隔保持同一比例，用公式表达为：

$$C_m = \frac{m_m}{m_p} = \frac{m'_m}{m'_p} \tag{2.4}$$

式中：C_m——质量相似常数；

m——表示质量的物理量。

5）边界条件相似

要求模型和真型在与外界接触的区域内的各种条件保持相似，即要求支承条件相似、约束条件相似以及边界受力情况相似。模型的支承条件和约束条件可以由与真型结构构造相同的条件来满足与保证。

6）初始条件相似

在动力学问题中，为了保证模型与真型的动力反应相似，要求初始时刻运动的参数相似。运动的初始条件包括初始位置、初始速度和初始加速度等。模型上的速度、加速度与原型的速度和加速度在对应的位置和对应的时刻保持一定的比例，并且运动的方向一致，则称为速度和加速度相似。

2.3 相似原理

相似原理是研究自然界相似现象的性质和鉴别相似现象的基本原理，它由5个性质定理、5个推论和1个判定定理组成。下面分别用举例的方式加以介绍,即没有数学证明过程。

2.3.1 性质定理

1)性质定理一

(1)名词解释

单值条件:决定于某一自然现象的因素,有系统的几何特性,或介质,或系统中对所研究的现象有重大影响的物理参数,或系统的初始状态以及边界条件等。

相似常数:模型与真型对应物理量的值,常用 C_x 表示,下标 x 表示具体的物理量。下面就以牛顿第二定律为例说明:

牛顿第二定律的数学表达式为:

$$F = ma \tag{2.5}$$

对于真型,设 $F' = m'a'$;对于模型,设 $F'' = m''a''$。那么,其相似常数依次应为:

$$C_F = \frac{F''}{F'} \quad C_m = \frac{m''}{m'} \quad C_a = \frac{a''}{a'} \tag{2.6}$$

相似指数:在现象相似的前提下,把由相似常数组成的反映相似常数相互关系的表达式称为相似指数,常用 C 表示。把 $C=1$ 叫作相似指数方程。相似模型的设计过程实际上就是用求解相似指数方程的方法来确定相似常数的过程。

将式(2.6)整理后代入模型式得:

$$\frac{C_F}{C_m C_a} F' = m'a' \tag{2.7}$$

表达式(2.7)与真型表达式相比,多了一个因式 $\frac{C_F}{C_m C_a}$,这类因式通常用 C 表示。由于牛顿第二定律只有一个,若牛顿第二定律能够成立,则 C 必须等于1,即 $C=1$。否则,牛顿第二定律就不能成立。

(2)定理描述

现象相似,单值条件相同,相似指数等于1,即 $C=1$。

性质定理一是牛顿于1786年首先发现的,它揭示了相似现象的性质,说明了两个相似现象在数量上和空间中的相互关系。

$C=1$ 是相似现象的必要条件。它表明若两个物理系统相似,其相似指数必须等于1。同时,各物理量的相似常数不是都能任意选择的,它们的相互关系必须接受式 $C=1$ 的约束。

2)性质定理二

(1)名词解释

相似准则:从形式上看,相似准则是一个单项式的等式,即若现象相似,现象的单值条件按照一定的原则能够组成一组无量纲因式,因式与因式的值构成一个无量纲的等式,每一个无量纲的等式都能够反映系统不同侧面的特征。这种无量纲的等式称为相似准则,这种无量纲因式的值 π 称为相似准数。相似准则是由理论推导而来,相似准数是通过试验数据整理得到的。从这个意义上讲,试验研究的目的就是求出相似准则的具体值,即相似准数。

无量纲因式:由单值条件组合而成的没有量纲的单项式。

(2)定理描述

现象相似,相似准数恒定不变,即对于给定的现象 π=不能改变的常量。

式(2.5)也可以用 $\dfrac{F}{ma}=1$ 表达。又如自由落体运动 $S=\dfrac{1}{2}gt^2$ 能够用 $\dfrac{S}{gt^2}=0.5$ 来描述。再如均布荷载作用下简支梁的挠度问题 $\omega=\dfrac{5ql^4}{384EI}$ 能够用 $\dfrac{ql^4}{\omega EI}=\dfrac{384}{5}$ 来表示。

表达式 $\dfrac{F}{ma}=1$、$\dfrac{S}{gt^2}=0.5$、$\dfrac{ql^4}{\omega EI}=\dfrac{384}{5}$ 是无量纲的等式,准确地反映了相应规律的特性。这些等式就是现象的相似准则。1、0.5 和 $\dfrac{384}{5}$ 都是无量纲因式的值,就是相似准数。

当现象一定时,现象的相似准数是不能改变的定值。因为,现象反映的规律不能够随意更改,所以相应的相似准数才能成为不能改变的定值。这里的 1、0.5 和 $\dfrac{384}{5}$ 就成为反映相应现象规律的不能改变的值。

不难看出,相似准数 π 具有3个特点。对于给定的现象,π 值是唯一的,即 π 等于不能改变的常量;对于不同的现象有不同的 π 值,即 π 为可变的常量;π 能够用幂函数的形式表示。

性质定理二是量纲分析的普遍定理,它是由美国学者 J.白肯汉(J.Buckingham)提出的,为模型设计提供了可靠的理论基础。

相似准数 π 把相似系统中各物理量联系起来,说明了它们之间存在的必然关系,故又把相似准数 π 称"模型律"。利用这个模型律可将模型试验中得到的结果推广应用到相似的真型结构中去。

相似准数 π 的优势还体现在它减少了未知数,使所研究的问题得到简化。

注意:相似常数和相似准数的概念是不同的。相似常数是指在两个相似现象中,两个相对应的物理量始终保持的常数,它表示相似现象中某两个物理量应保持的量的关系。而相似准数则在所有互相相似的现象中是一个不变量,并非一任意常数,它描述了相似现象中各物理量必须保持的内在关系。

3)性质定理三

定理描述:若现象相似,相似准则与相似指数数量一一对应,则构成也对应。

由性质定理一的举例可知,反映牛顿第二定律、自由落体运动、均布荷载作用下简支梁的挠度问题特征的无量纲因式的等式分别只有1个,即依次为:

$$\dfrac{F}{ma}=1 \quad \dfrac{S}{gt^2}=0.5 \quad \dfrac{ql^4}{\omega EI}=\dfrac{384}{5}$$

对应的,其相似指数依次为:

$$\dfrac{C_F}{C_m C_a}=1 \quad \dfrac{C_S}{C_g C_t^2}=1 \quad \dfrac{C_q C_l^4}{C_\omega C_{EI}}=1$$

所以,真型与模型的 $C=1$ 不但是必要的,而且是唯一的。

4)性质定理四

(1)名词解释

基本物理量:指不受其他物理量的约束而独立存在的物理量,是构成其他物理量的元素。如,在力的系统中,力、时间、长度等都是基本物理量。

导出物理量:是指由基本物理量推导而来的物理量。如,在力的系统中的加速度、速度等都是由力、时间和长度等推导而来的。

基本量纲:构成其他物理量量纲的量纲。它最典型的特征就是能够用专门表示量纲的单个字母来表示,如力 P 的量纲、长度 l 的量纲以及时间 t 的量纲都是基本量纲,它们的表示方法依次为[F]、[L]和[T]。基本量纲就是基本物理量的量纲。

组合量纲:是由基本量纲组合而成的量纲,如应力 σ 的量纲是[FL^{-2}],弯矩 M 的量纲是[FL],抵抗矩 W 的量纲是[L^3]等,它们最显著的特点是都能够用基本量纲的幂形式来表示。组合量纲也称导出量纲。

(2)定理描述

若现象相似,则基本物理量的种类数等于基本量纲的个数,且两者对应。

在描述空间点的位置时,常用 x、y、z 来表示。在这里基本量纲只有 1 个"[L]"。相应地,基本物理量也只有"长度"1 类;再如自由落体运动的规律 $S=0.5gt^2$ 中,基本量纲只有"[L]"和"[T]"2 个。相应地,基本物理量也就有"长度"和"时间"两类。其他现象都是如此。

5)性质定理五

(1)名词解释

①零量纲:量纲的幂指数等于零的量纲。零量纲的物理量是指物理量本身不带量纲的物理量。如,角度、应变、泊桑、含水率、空隙等都是没有量纲的物理量。零量纲的物理量可以单独成为 1 个独立的无量纲因式。

②基础物理量与函数物理量:在描述现象的 n 个物理量中,用一些物理量(即能够作为已知条件的物理量,数量上只能有 k 个,)表示另外一些物理量(即未知的物理量,数量上有 $n-k$ 个),是求解量纲矩阵方程的技术环节之一。我们就把已知的物理量叫作基础物理量,未知的物理量叫作函数物理量。从量纲的种类数的特点来看,系统中基础物理量量纲种类数的集合等于本系统量纲种类数的全集。

基础物理量仅仅是求解量纲方程的过渡产物,基本物理量和导出物理量在满足一定的条件后均可充当基础物理量(详见 2.4.2),且函数物理量能够被基础物理量用幂因式的形式来表示。

(2)定理描述

若现象相似,描述现象的物理量个数为 n,其中基本物理量的种类数为 k。那么,基础物理量的个数则为 k,函数物理量的个数等于相似准则的个数为 $n-k$。

在量纲矩阵中,由量纲和谐原理(详见 2.4.1)可知,1 个基本量纲能够写出 1 个量纲方程,那么,k 个基本量纲只能写出 k 个量纲方程,而 k 个量纲方程不能求解 n 个未知数。欲求解 n 个未知数,则需分解出来 k 个物理量,能够把其余的 $n-k$ 个物理量分别用这 k 个物理量的幂因式形式表示出来,这样就把 k 个 n 元 1 次方程组化成 $n-k$ 组 k 元 1 次方程组,方程数与未知数相等,则方程可解。即由 k 个能够作为基础物理量的量纲组成 1 个 k 阶量纲方阵,所剩的 $n-k$ 个函数物理量的量纲组成 $n-k$ 个列阵,分别将每 1 个列阵作为方阵的函数,根据量纲和谐原理,依次列出 $n-k$ 组 k 元 1 次方程组,然后求解,即产生 $n-k$ 个无量纲因式——相似准则。

基本量纲与基础物理量在数量上的关系如图 2.2 所示。

图 2.2 基本量纲与基础物理量数量关系图

描述物体在力的作用下产生运动的单值条件有 F、m、a、S、t 等 5 个,现在以 F、m、t 为基础物理量,以 S、a 为函数物理量,则 2 个函数物理量的幂因式为:

根据表 2.1,在绝对系统中(详见 2.4.1),用基本量纲来表示这些单值条件的量纲:

$$[F]=[F]、[m]=[FT^2L^{-1}]、[S]=[L]、[a]=[LT^{-2}]、[t]=[T]$$

$$\left.\begin{array}{c}S\\a\end{array}\right\}=F^{x_1}m^{x_2}t^{x_3} \qquad (2.8)$$

常用物理量及物理常数的量纲 表 2.1

物 理 量	质量系统	绝对系统	物 理 量	质量系统	绝对系统
长度	[L]	[L]	面积二次矩	[L^4]	[L^4]
时间	[T]	[T]	质量惯性矩	[ML^2]	[FLT^2]
质量	[M]	[FL^{-1}T^2]	表面张力	[MT^{-2}]	[FL^{-1}]
力	[MLT^{-2}]	[F]	应变	[1]	[1]
温度	[θ]	[θ]	比重	[ML^{-2}T^{-2}]	[FL^{-3}]
速度	[LT^{-1}]	[LT^{-1}]	密度	[ML^{-3}]	[FL^{-4}T^2]
加速度	[LT^{-2}]	[LT^{-2}]	弹性模量	[ML^{-1}T^{-2}]	[FL^{-2}]
角度	[1]	[1]	泊桑比	[1]	[1]
角速度	[T^{-1}]	[T^{-1}]	动力黏度	[ML^{-1}T^{-1}]	[FL^{-2}T]
角加速度	[T^{-2}]	[T^{-2}]	运动黏度	[L^{2}T^{-1}]	[L^{2}T^{-1}]
压强和应力	[ML^{-1}T^{-2}]	[FL^{-2}]	线热胀系数	[θ^{-1}]	[θ^{-1}]
力矩	[ML^{2}T^{-2}]	[FL]	导热率	[MLT^{-2}θ^{-1}]	[FT^{-1}θ^{-1}]
能量、热	[ML^{2}T^{-2}]	[FL]	比热	[L^{2}T^{-2}θ^{-1}]	[L^{2}T^{-2}θ^{-1}]
冲力	[MLT^{-1}]	[FT]	热容量	[ML^{-1}T^{-2}θ^{-1}]	[FL^{-2}θ^{-1}]
功率	[ML^{2}T^{-3}]	[FLT^{-1}]	导热系数	[MT^{-2}θ^{-1}]	[FL^{-1}T^{-1}θ^{-1}]

式(2.8)的量纲矩阵如下:其中虚线以前为基础物理量量纲的 3 阶方阵,虚线的后面为 2 个函数物理量量纲的列阵:

	x_1	x_2	x_3		
	F	m	t	S	a
F	1	1	0	0	0
T	0	2	1	0	-2
L	0	-1	0	1	1

根据量纲和谐原理(详见2.4.2),对于S则有:

$$\left.\begin{array}{r}x_1+x_2=0\\2x_2+x_3=0\\-x_2=1\end{array}\right\}\Rightarrow\left\{\begin{array}{l}x_1=1\\x_2=-1\\x_3=2\end{array}\right\}\Rightarrow S=\frac{Ft^2}{m} \tag{2.9a}$$

对于a则有:

$$\left.\begin{array}{r}x_1+x_2=0\\2x_2+x_3=-2\\-x_2=1\end{array}\right\}\Rightarrow\left\{\begin{array}{l}x_1=1\\x_2=-1\\x_3=0\end{array}\right\}\Rightarrow a=\frac{F}{m} \tag{2.9b}$$

由式(2.9a)和式(2.9b)就可以建立2个无量纲因式(即相似准则):

$$\pi_1=\frac{Ft^2}{mS},\pi_2=\frac{F}{am} \quad \text{或} \quad \pi_1=\frac{at^2}{S},\pi_2=\frac{F}{am} \tag{2.10}$$

在这里,现象的单值条件有5个,基本量纲数=基本物理量的种类数=基础物理量个数=3(个),函数物理量个数为5-3=2(个),相似准则的个数为5-3=2(个)。

2.3.2 性质推论

1)推论一

若现象相似,通过1个函数物理量至少能够产生1个无量纲因式。

2)推论二

若现象相似,无量纲组合总数等于$n-k$。

3)推论三

若现象相似,相似准数π的总数等于$n-k$。

4)推论四

若现象相似,相似指数C的总数等于$n-k$。

5)推论五

若现象相似,基础物理量的数量等于基本量纲的数量。

2.3.3 判定定理

定理:现象的单值条件相似,且由单值条件组成的相似准数相等,则现象相似。

比如当:

$$C_F=\frac{F''}{F'} \quad C_m=\frac{m''}{m'} \quad C_a=\frac{a''}{a'}$$

且

$$\frac{F'}{m'a'} = \frac{F''}{m''a''} = 1$$

则这两个现象相似。

相似判定定理是苏联专家在 1930 年建立的。该定理是现象彼此相似的充分和必要条件。相似判定定理指出了判断相似现象的方法。

2.3.4 相似定理的配合关系

(1)性质定理一给出了相似指数方程,或者说性质定理一以现象相似为前提的情况下,确定了相似现象的性质,给出了相似现象的必要条件;性质定理二提供了现象相似的理论模型;性质定理三明确了性质定理一、二在数量上的对应关系;性质定理四描述了基本量纲的个数与基本物理量的种类数之间的对应关系;性质定理五展示了5种物理量之间的数量关系。

(2)根据相似判定定理,考虑一个新现象时,只要它的单值条件与曾经研究过的旧现象的单值条件相同,并且存在相等的相似准数,就能肯定新旧现象相似,从而可以将已研究过的现象的结果应用到新现象上去。相似判定定理终于使相似原理构成一套完善的理论,成为组织试验和进行模拟的科学方法。

(3)在实际工程中,各个定理互相配合使用,其先后顺序为:

第一步,根据判定定理把相似模型设计时所需要的现象的单值条件尽量找全,为能够求得准确的相似准则创造条件。

第二步,根据性质定理四首先确定基本物理量的种类数,然后确定基本量纲的数。为确定函数物理量的数量提供依据。

第三步,根据性质定理五以及基础物理量的特点确定基础物理量和函数物理量。在量纲和谐原理的指导下建立相似准则,为相似模型设计服务。

第四步,根据性质定理一、三进行相似模型设计并组织试验,为试验目的服务。

第五步,根据性质定理二将模型试验结果还原到真型上,为生产服务。

2.4 量纲分析

2.4.1 量纲的基本性质

量纲的概念是在研究物理量的数量关系时产生的,它区别量的种类,而不区别量的度和值。如测量距离用米、厘米、英尺等不同的单位,但它们都属于长度这一种类,因此把长度称为一种量纲,用[L]表示。时间种类用时、分、秒、微秒等单位表示,它是有别于其他种类的另一种量纲,用[T]表示。通常每一种物理量都对应有一种量纲。例如表示重力的物理量 W,它对应的量纲属力的范畴,用[F]表示。

在一切自然现象中,各物理量之间存在着一定的联系。在分析一个现象时,可用参与该现象的各物理量之间的关系方程来描述,因此各物理量和量纲之间也存在着一定的联系。

在量纲分析中有两种基本量纲系统:绝对系统和质量系统。绝对系统的基本量纲为长度、时间和力,而质量系统的基本量纲是长度、时间和质量。写成量纲方程即为:

$$[F] = [\text{MLT}^{-2}] \brace [M] = [\text{FL}^{-1}\text{T}^2]$$ (2.11)

所有物理量的方程都有对应的量纲方程。常用的物理量的量纲表示法见表2.1。

量纲具有以下的性质：

(1) 两个物理量相等，是指不仅数值相等，而且量纲也要相同。

(2) 两个同量纲参数的是无量纲参数，其值不随所取单位的大小而变。

(3) 一个完整的物理方程式中，各项的量纲必须相同，因此方程才能用加、减符号，并用等号联系起来。这一性质称为量纲和谐原理。

如，在 $y=ax^2+bx+c$ 中，只有各项的量纲相同，该方程才能成立。

(4) 组合量纲可以和基本量纲组成无量纲组合，基本量纲之间不能组成无量纲组合。一个组合量纲与其他量纲至少能够组成一个无量纲组合。

(5) 根据量纲和谐原理，只要现象中存在物理关系式，就可以建立量纲方程。若干个函数物理量与基础物理量的量纲方程可以用矩阵的方式来表达。

2.4.2 基础物理量的条件

在相似模型设计中，要用到基础物理量这个概念。决定相似现象的物理量中，基础物理量应具备下面的条件：

(1) 基础物理量必须有量纲存在。

(2) 在同一相似现象中的基础物理量的量纲不得重复。

(3) 全部基础物理量量纲的种类必须包含现象的所有物理量的量纲，不得缺项；即基础物理量量纲的集合必须等于现象所有物理量量纲的集合。

(4) 待测物理量不宜列为基础物理量，以免在相似准则中出现隐函数。

(5) 基础物理量的量纲最简单，能使相似准则的形式最为简洁。

上述条件是选择基础物理量的基本原则，也是求解相似准则时对基础物理量的基本要求。

2.4.3 量纲分析举例

下面用简支梁受集中荷载的例子，介绍用量纲矩阵的方法建立相似准则 π 的方法。

根据材料力学知识，受竖向荷载作用的梁正截面的应力 σ 是梁的跨度 l、截面抵抗矩 W、荷载 P 和弯矩 M 的函数。将这些物理量之间的关系写成一般形式：

$$g(\sigma, P, M, l, W) = 0$$ (2.12)

式(2.12)中，物理量的个数 $n=5$，零量纲的个数 $m=0$，基本量纲的个数 $k=2$。在绝对系统中，力 P 的量纲和长度 l 的量纲为基本量纲，所以有独立的 π 函数，且 $n-k=3$。式(2.12)还可以用 π 的形式来表示：

$$g'(\pi_1, \pi_2, \pi_3) = 0$$ (2.13)

对于简支梁受集中荷载的例子中 π 函数的一般表达式为：

$$\pi = \sigma^a P^b M^c l^d W^e$$ (2.14)

在绝对系统中，用基本量纲来表示这些物理量的量纲：

$$[\sigma] = [\text{FL}^{-2}], [P] = [F], [M] = [\text{FL}], [l] = [L], [W] = [L^3]$$

根据基础物理量的条件,可以选择 P、l 为基础物理量,以 σ、M、W 为函数物理量(当然,这只是方案的一种,还有其他的选择,有兴趣的读者可以完成其他方案的推导),则3个函数物理量的幂因式为:

$$\left.\begin{array}{c} \sigma \\ M \\ W \end{array}\right\} = P^{x_1} l^{x_2} \tag{2.15}$$

就是说,σ、M、W 3个物理量分别都能够(必须能够)用 P、l 这两个物理量来表示。式(2.15)的量纲矩阵如下:

	P	l	σ	M	W
	x_1	x_2			
F	1	0	1	1	0
L	0	1	-2	1	3

这是一个 2×2 的方阵。根据量纲和谐原理,可以写出上面量纲矩阵的指数方程(3组)。对于 σ,则有:

$$\left.\begin{array}{c} x_1 = 1 \\ x_2 = -2 \end{array}\right\} \Rightarrow \sigma = \frac{P}{l^2} \tag{2.16}$$

对于 M,则有:

$$\left.\begin{array}{c} x_1 = 1 \\ x_2 = 1 \end{array}\right\} \Rightarrow M = Pl \tag{2.17}$$

对于 W,则有:

$$\left.\begin{array}{c} x_1 = 0 \\ x_2 = 3 \end{array}\right\} \Rightarrow W = l^3 \tag{2.18}$$

所以,上面函数物理量 σ、M、W 的量纲矩阵指数方程的求解结果为:

$$\pi_1 = \frac{P}{\sigma l^2} \quad \pi_2 = \frac{Pl}{M} \quad \pi_3 = \frac{l^3}{W} \tag{2.19}$$

从上例可以看出,量纲分析法中采用量纲矩阵分析,推导过程简便、一目了然。

值得一提的是,确定相似准则 π 时,只要弄清物理现象所包含的物理量的量纲,用量纲分析法是较简便的。量纲分析法虽能确定出一组独立的 π 函数,但 π 函数的取法具有一定的任意性,而且物理现象的物理量越多,其任意性越大,所以量纲分析法中选择物理量是具有决定性意义的。物理量的正确选择取决于模型试验者的专业知识以及对所研究问题初步分析的正确程度;甚至可以说,如果不能正确选择物理量,量纲分析法就无助于模型设计。

2.5 模型设计

模型设计是模型试验是否成功的关键,因此在模型设计中不仅仅是建立模型的相似准则,而应综合考虑各种因素,如模型的类型、模型材料、试验条件以及模型制作条件,确定出适当的物理量的相似常数等。

下面以举例的形式介绍结构模型设计的一般程序：

第一步，根据任务明确试验的具体目的和要求，选择适当的模型材料。

试验题目：高层建筑在地震荷载作用下的结构性能研究，采用与原型材料相同的相似模型在振动台上进行试验研究。

第二步，针对任务所研究的对象，以相似理论为依据，确定相似准则。

(1)确定影响结构性能的物理量。

根据对问题的分析，认为该物理过程中包含有下列的特性物理量：结构尺寸 l、结构的水平变位 δ、应力 σ、应变 ε、结构材料的弹性模量 E、结构材料的平均密度 ρ、结构的自重 q、结构的振动频率 ω 和结构阻尼系数 ξ，此外还有地震运动的振幅 a 和运动的最大频率 ω_g。

在绝对系统中，用基本量纲来表示这些量的量纲：

$$[l]=[L],[\delta]=[L],[\sigma]=[FL^{-2}],[\varepsilon]=[1],[E]=[FL^{-2}]$$
$$[\rho]=[FL^{-4}T^2],[q]=[FL^{-3}],[\omega]=[T^{-1}],[\xi]=[1],[a]=[L],[\omega_g]=[1]$$

(2)确定基础物理量。

物理量个数 $n=11$，在质量系统下的基本量纲个数 $k=3$，即质量 M 的量纲、长度 l 的量纲以及时间 t 的量纲为基本量纲，零量纲数 $m=2$，所以能够建立的相似准则 $n-k=8$（包括 2 个由零量纲的物理量形成的独立的相似准则）。

根据基础物理量的条件，现选择 l、ω、ρ 为基础物理量，以 δ、σ、q、E、a、ω_g 为函数物理量，ε 和 ξ 不进入量纲矩阵。

$$\left.\begin{array}{l}\delta\\\sigma\\q\\E\\a\\\omega_g\end{array}\right\}=l^{x_1}\omega^{x_2}\rho^{x_3} \qquad(2.20)$$

(3)写出量纲矩阵。

若采用量纲分析方法来求出系统的相似准数，则可写出的量纲矩阵：

| | x_1 | x_2 | x_3 | | | | | | | | |
	l	ω	ρ	ξ	σ	q	E	a	ω_g	ε	δ
[M]	0	0	1	0	1	1	1	0	0	0	0
[L]	1	0	-3	0	-1	-2	-1	1	0	0	1
[T]	0	-1	0	0	-2	-2	-2	0	-1	0	0

(4)求出相似准则。

由量纲矩阵和量纲和谐原理解得 8 个相似准则：

$$\left.\begin{array}{lll}\pi_1=\xi & \pi_2=\dfrac{\sigma}{\rho\omega^2 l^2} & \pi_3=\dfrac{q}{\rho\omega^2 l}\\[2mm]\pi_4=\dfrac{E}{\sigma\omega^2 l^2} & \pi_5=\dfrac{\alpha}{l} & \pi_6=\dfrac{\omega_g}{\omega}\\[2mm]\pi_7=\varepsilon & \pi_8=\dfrac{\delta}{l}\end{array}\right\} \qquad(2.21)$$

至此,相似模型的设计工作完成。

第三步,根据试验条件,确定相似常数。

(1)根据性质定理三,确定相似指数。

$$\left.\begin{array}{ccc} C_\xi = 1, & \dfrac{C_\sigma}{C_\rho C_\omega^2 C_l^2} = 1, & \dfrac{C_q}{C_\rho C_\omega^2 C_l} = 1 \\[2mm] \dfrac{C_F}{C_\rho C_\omega^2 C_l^2} = 1, & \dfrac{C_a}{C_l} = 1, & \dfrac{C_{\omega g}}{C_\omega} = 1 \\[2mm] C_\varepsilon = 1, & \dfrac{C_\delta}{C_l} = 1 & \end{array}\right\} \quad (2.22)$$

或根据模型与原型应该保持的相似关系,确定相似指数。将式(2.23)带入式(2.21),同样能够得到模型设计应满足的相似指数式(2.22)。

$$\left.\begin{array}{llll} \delta_m = C_\delta \delta_p & l_m = C_\lambda l_p & \sigma_m = C_\sigma \sigma_p & \varepsilon_m = C_\varepsilon \varepsilon_p \\ E_m = C_E E_p & \rho_m = C_\rho \sigma_p & q_m = C_q q_p & \omega_m = C_\omega \omega_p \\ \xi_m = C_\xi \xi_p & \alpha_m = C_a \alpha_p & \omega_{gm} = C_{\omega_g} \omega_{gp} & \end{array}\right\} \quad (2.23)$$

(2)根据试验材料和试验能力来确定设计试件尺寸。

上述8个相似条件包含有11个相似常数,故只有当3个相似常数预先拟定,其他8个相似常数才能够从式(2.22)中得到。根据题意模型材料与原型材料相同,即已定出了 $C_E = 1$ 和 $C_\rho = 1$,同时,C_l 应该根据试验能力事先确定。

(3)根据相似指数,确定相似常数。

$$\left.\begin{array}{lll} C_\delta = C_l, & C_a = C_l, & C_g = C_\xi = 1 \\ C_\sigma = C_E = 1, & C_\omega = C_{\omega_g} = 1/C_l, & C_q = 1/C_l \end{array}\right\} \quad (2.24)$$

式(2.24)中,$C_\sigma = C_E = 1$ 表明按缩尺例设计的模型上的应力和应变与原型一致,而 $C_\delta = C_l$ 则说明模型与原型的变形量按缩尺例减小,故要求试验测试位移的仪表有较高的精度。

$C_\xi = 1$ 这个条件一般较难以满足,因为结构尺寸的改变而又要维持阻尼系数不变是较困难的。若原型结构阻尼很小,则这个条件可以忽略。

$C_a = C_l$ 和 $C_\omega = C_{\omega_g} = 1/C_l$,则是关于振幅和频率两个关系式,是控制试验中振动的条件。如果模型的比例缩尺为1/10,则要求振动台的振幅应为地震振幅的1/10,而振动台的振动频率又为地震频率的10倍。即结构按比例缩尺模型本身的频率提高了10倍而变位减小了1/10倍后,则要求试验的振动台也做相应的变化以满足模型的试验结果与原型的相似。

条件 $C_q = 1/C_l$ 从数学的角度看,是要求缩尺模型的自重在原型自重的基础上,按缩尺比例倒数的倍数而增加,但从试验的角度看,很难找到能够达到这个要求的材料,即这个条件给模型试验造成了很大的困难。目前解决这个问题的方法是在不考虑自重分布不均对结构影响的情况下,采用附加配置重物来提高模型的自重。

第四步,绘制模型施工图,设计试验方案,试验方案不受试验设计理论支配。

第五步,建立经验公式,指导工程实践。

相似模型建立的经验公式具有很强的针对性,所以试验的结果能够直接推广到真型上去。

至此,就完成了试件的设计工作。

思考题

1. 模型试验有哪些优点,适用于哪些范围?
2. 与结构性能有关的物理量主要有哪些?
3. 相似原理有哪几个相似定理?
4. 相似常数、相似准数、相似指数有何联系与区别?
5. 什么是基本量纲?什么是组合量纲?它们之间有什么关系?
6. 基本物理量与导出物理量有何区别?
7. 基础物理量与函数物理量有何区别?
8. 什么叫量纲和谐?举例说明结构模型设计的一般程序。

3 相似准则函数关系分析原理

导读

1.对于一般函数表达式之间的运算,一方面是抽象的,另一方面也是具体的,即具有双重性。当一般函数的表达式变换成具体函数表达式时,会产生系数或常数,或二者皆可有。

2.判别式是考察者站在不同的两个侧面去观察事物时,强调了必须要能够反映同一个事物本质。

3.鉴于数学理论的支撑能力,现在只能讨论相似准则的和、积这两种函数形式,是否会存在其他的函数表达形式,还不得而知。

3.1 概述

通过式(2.21)我们设计出了相似模型,即完成了模型的理论设计工作,通过式(2.24)则完成了试件设计。但是在确定试验数量(试件个数)方面,以及等试验完成以后,试验的数据如何处理等,还都没有理论支撑,因此需要讨论一下相似准则的函数理论。

对于几个无量纲组合的相似准则,它们之间存在怎样的函数关系?根据目前的数学理论,我们只有两种假设,一为乘积关系,一为和差关系。

现在来看看要使得这两种函数关系(或乘积关系,或和差关系)成立,需要满足的条件。

在下面的描述中,用"$\bar{\pi}_2$"、"$\bar{\bar{\pi}}_2$"依次来表示第一个条件("–")、第二个条件("=")π_2的试验值,用"$(\pi_{1/2})_{\bar{3}}$"、"$(\pi_{1/2})_{\bar{\bar{3}}}$"依次来表示当$\pi_3$在两个不同条件下为已知值时,$\pi_2$对于$\pi_1$的组分方程(即$\pi_2$对于$\pi_1$的函数关系)。

3.2 乘积关系

现在假设现象有3个相似准则,即π_1、π_2、π_3,它们之间存在函数关系,即

$$\pi_1 = f(\pi_2, \pi_3) \tag{3.1}$$

假若将π_3保持为常数值(或某试验水平数下的具体试验数值,以下同),则π_1与π_2的关系能够定义为:

$$f_1(\pi_2, \bar{\pi}_3) = (\pi_{1/2})_{\bar{3}} \tag{3.1.1}$$

同理,假若将π_2保持为常数值,以π_3为变量,π_1与π_3的关系则为:

$$f_2(\pi_3, \bar{\pi}_2) = (\pi_{1/3})_{\bar{2}} \tag{3.1.2}$$

式(3.1.1)、式(3.1.2)就叫作现象的组分方程式。它是组成相似型经验公式的一部分,其特点就是在所有的相似准则π中,只将某一个π作为自变量,其余的均保持常量(试验的值)。

注释1：若有 n 个相似准则，上述的最后一个组分方程式的编号就成为3.1.($n-1$)。

注释2：式(3.1.1)、式(3.1.2)只是问题的一种表达，也仅仅说明现象的某个侧面能够用组分方程式来描述。

组分方程式的建立，不是根据逻辑关系推导获得的，而是需要根据实验结果，人工用坐标纸通过绘制两两无量纲组合的关系曲线，然后通过观察曲线特征，用回归的方法建立的（详见第6章）。

如果式(3.1)存在乘积的函数关系，则式(3.1.1)与式(3.1.2)相乘仍然满足式(3.1)，即

$$\pi_1 = f(\pi_2, \pi_3) = f_1(\pi_2, \overline{\pi}_3) f_2(\pi_3, \overline{\pi}_2) \tag{3.2}$$

或可以记录成：

$$\pi_1 = f(\pi_2, \pi_3) = C (\pi_{1/2})_{\overline{3}} (\pi_{1/3})_{\overline{2}}$$

对于式(3.2)，当保持 π_3 为常数值，改变 π_2，则有：

$$f(\pi_2, \overline{\pi}_3) = f_1(\pi_2, \overline{\pi}_3) f_2(\overline{\pi}_2, \overline{\pi}_3) \tag{3.2a.1}$$

或可以写成：

$$f_1(\pi_2, \overline{\pi}_3) = \frac{f(\pi_2, \overline{\pi}_3)}{f_2(\overline{\pi}_2, \overline{\pi}_3)} \tag{3.2b.1}$$

同理，对于式(3.2)，当保持 π_2 为常数值，改变 π_3，则有：

$$f(\pi_3, \overline{\pi}_2) = f_2(\pi_3, \overline{\pi}_2) f_1(\overline{\pi}_2, \overline{\pi}_3) \tag{3.2a.2}$$

或可以写成：

$$f_2(\pi_3, \overline{\pi}_2) = \frac{f(\pi_3, \overline{\pi}_2)}{f_1(\overline{\pi}_2, \overline{\pi}_3)} \tag{3.2b.2}$$

注释3：若现象有 n 个相似准则时，上述最后一项表达式的编号就成为3.2.($n-1$)或3.2.($n-1$)了。

注释4：式(3.2b.1)、式(3.2b.2)是式(3.1.1)、式(3.1.2)的另外一种表达，二者同资不同格或同分不同缘。

将式(3.2b.1)和式(3.2b.2)代入式(3.2)，则有：

$$\pi_1 = f(\pi_2, \pi_3) = f_1(\pi_2, \overline{\pi}_3) f_2(\pi_3, \overline{\pi}_2) = \frac{f(\pi_3, \overline{\pi}_2) f(\pi_2, \overline{\pi}_3)}{f_1(\overline{\pi}_2, \overline{\pi}_3) f_2(\overline{\pi}_2, \overline{\pi}_3)} \tag{3.3}$$

对于式(3.2)，若保持 π_2、π_3 都为常数值，则有：

$$f(\overline{\pi}_2, \overline{\pi}_3) = f_1(\overline{\pi}_2, \overline{\pi}_3) f_2(\overline{\pi}_2, \overline{\pi}_3) \tag{3.4}$$

将式(3.4)代入式(3.3)右端的分母位置，则：

$$\pi_1 = f(\pi_2, \pi_3) = \frac{f(\pi_3, \overline{\pi}_2) f(\pi_2, \overline{\pi}_3)}{f(\overline{\pi}_2, \overline{\pi}_3)} \tag{3.5}$$

在组分方程中，从表达形式上 $f(\pi_2, \overline{\pi}_3) = f_1(\pi_2, \overline{\pi}_3)$，$f(\pi_3, \overline{\pi}_2) = f_2(\pi_3, \overline{\pi}_2)$ 是恒成立的，所以，式(3.5)与式(3.2)比较，则 $C = \dfrac{1}{f(\overline{\pi}_2, \overline{\pi}_3)}$。此时的这个 C 值仅仅是分别在保持 π_2、π_3 为常数值的条件下产生的，还没有进行校核。

为了说明式(3.2)的有效性（若相似准则之间存在乘积关系，则这个关系就等于各个组

分方程与常数 C 的乘积),即将 π_2 由值 $\bar{\pi}_2$ 用 $\bar{\bar{\pi}}_2$ 代替(即让另外一个水平数的试验结果来代替前一个试验水平数的结果,俗话讲,就叫换个角度看看),式(3.5)就会变成:

$$\pi_1 = f(\pi_2, \pi_3) = \frac{f(\pi_3, \bar{\bar{\pi}}_2) f(\pi_2, \bar{\pi}_3)}{f(\bar{\bar{\pi}}_2, \bar{\pi}_3)} \tag{3.6}$$

至此,若式(3.5)与式(3.6)相等,则式(3.2)成立,即原命题才能真,否则原命题假。即产生了式(3.2)能够成立的判别式:

$$\frac{f(\pi_3, \bar{\bar{\pi}}_2)}{f(\bar{\bar{\pi}}_2, \bar{\pi}_3)} \doteq \frac{f(\pi_3, \bar{\pi}_2)}{f(\bar{\pi}_2, \bar{\pi}_3)} \tag{3.7}$$

同理,若将 π_3 的值由 $\bar{\pi}_3$ 用 $\bar{\bar{\pi}}_3$ 来代替(即让另外一个水平数的试验结果来代替前一个试验水平数的试验结果),则会有另外的判别式:

$$\frac{f(\pi_2, \bar{\bar{\pi}}_3)}{f(\bar{\pi}_2, \bar{\bar{\pi}}_3)} \doteq \frac{f(\pi_2, \bar{\pi}_3)}{f(\bar{\pi}_2, \bar{\pi}_3)} \tag{3.8}$$

相应地,系数 C 值则为 $C = \dfrac{1}{f(\bar{\bar{\pi}}_2, \bar{\pi}_3)}$,或 $C = \dfrac{1}{f(\bar{\pi}_2, \bar{\bar{\pi}}_3)}$。

现在可以将 π 的数量由 3 个扩充到 s 个,则会有:

$$\pi_1 = \frac{1}{f(\bar{\bar{\pi}}_2, \bar{\pi}_3, \cdots, \bar{\pi}_s)^{(s-2)}} (\pi_{\frac{1}{2}})_{\bar{3}, \bar{4}, \cdots, \bar{s}} (\pi_{\frac{1}{3}})_{\bar{\bar{2}}, \bar{4}, \cdots, \bar{s}} \cdots (\pi_{\frac{1}{s}})_{\bar{\bar{2}}, \bar{3}, \cdots, \overline{s-1}} \tag{3.9a}$$

或

$$\pi_1 = \frac{1}{f(\bar{\bar{\pi}}_2, \bar{\pi}_3, \cdots, \bar{\pi}_s)^{(s-2)}} (\pi_{\frac{1}{2}})_{\bar{3}, \bar{4}, \cdots, \bar{s}} (\pi_{\frac{1}{3}})_{\bar{\bar{2}}, \bar{4}, \cdots, \bar{s}} \cdots (\pi_{\frac{1}{s}})_{\bar{\bar{2}}, \bar{3}, \cdots, \overline{s-1}} \tag{3.9b}$$

$$\frac{(\pi_{\frac{1}{3}})_{\bar{\bar{2}}, \bar{4}, \bar{5}, \cdots, \bar{s}}}{f(\pi_2, \bar{\pi}_3, \bar{\pi}_4, \cdots, \bar{\pi}_s)} \doteq \frac{(\pi_{\frac{1}{3}})_{\bar{\bar{2}}, \bar{4}, \bar{5}, \cdots, \bar{s}}}{f(\bar{\bar{\pi}}_2, \bar{\pi}_3, \bar{\pi}_4, \cdots, \bar{\pi}_s)} \tag{3.10a}$$

或

$$\frac{(\pi_{\frac{1}{2}})_{\bar{3}, \bar{4}, \cdots, \bar{s}}}{f(\bar{\pi}_2, \bar{\pi}_3, \bar{\pi}_4, \cdots, \bar{\pi}_s)} \doteq \frac{(\pi_{\frac{1}{2}})_{\bar{\bar{3}}, \bar{4}, \cdots, \bar{s}}}{f(\bar{\pi}_2, \bar{\bar{\pi}}_3, \bar{\pi}_4, \cdots, \bar{\pi}_s)} \tag{3.10b}$$

式(3.9a)和式(3.9b)以及式(3.10a)和式(3.10b)两组计算式当中,一般只需要各选择其一进行运算就可以了,除非当对检验结果有怀疑或想要加强分析结果的可靠性时,才选择另一条件的运算或检验。

式(3.9a)~式(3.10b)等 4 个表达式的证明过程从略。有兴趣的读者自行证明。

3.3 总和关系

有了前面的基础,要认识 π_1、π_2、π_3 的和差关系,就比较容易了。下面继续假设现象有 3 个相似准则,即 π_1、π_2、π_3,它们之间存在代数和的函数关系,即

$$\pi_1 = f(\pi_2, \pi_3) = f_1(\pi_2, \bar{\pi}_3) + f_2(\bar{\pi}_2, \pi_3) \tag{3.11}$$

其中,组分方程的定义与前面相同:

$$f_2(\pi_3, \bar{\pi}_2) = (\pi_{1/3})_{\bar{2}} \tag{3.11.1}$$

$$f_1(\pi_2,\bar{\pi}_3)=(\pi_{1/2})_{\bar{3}} \tag{3.11.2}$$

注释 5：若有 n 个相似准则，上述的最后一个组分方程式的编号就成为式 3.11.(n-1)。

注释 6：式(3.11.1)、式(3.11.2)只是问题的一种表达，也仅仅说明现象的某个侧面能够用组分方程式来描述。

对于式(3.11)，当 π_2 为常数时，即

$$f_2(\bar{\pi}_2,\pi_3)=f(\bar{\pi}_2,\pi_3)-f_1(\bar{\pi}_2,\bar{\pi}_3) \tag{3.12.1}$$

同理，当 π_3 为常数时，得：

$$f_1(\pi_2,\bar{\pi}_3)=f(\pi_2,\bar{\pi}_3)-f_2(\bar{\pi}_2,\bar{\pi}_3) \tag{3.12.2}$$

注释 7：若现象有 n 个相似准则时，上述最后一项表达式的编号就成为 3.12.(n-1) 或 3.12.(n-1) 了。

注释 8：式(3.12.1)、式(3.12.2)是式(3.11.1)、式(3.11.2)的另外一种表达，二者同资不同格或同分不同缘。

式(3.12.1)与式(3.12.2)相加(向式(3.11)靠拢)得：

$$f_1(\pi_2,\bar{\pi}_3)+f_2(\bar{\pi}_2,\pi_3)=f(\pi_2,\bar{\pi}_3)+f(\bar{\pi}_2,\pi_3)-(f_1(\bar{\pi}_2,\bar{\pi}_3)+f_2(\bar{\pi}_2,\bar{\pi}_3)) \tag{3.13}$$

因为：

$$f(\bar{\pi}_2,\bar{\pi}_3)=f_1(\bar{\pi}_2,\bar{\pi}_3)+f_2(\bar{\pi}_2,\bar{\pi}_3)$$

以及式(3.13)的左端：

$$\pi_1=f_1(\pi_2,\bar{\pi}_3)+f_2(\bar{\pi}_2,\pi_3) \tag{3.14}$$

所以，才有式(3.13)的右端：

$$\pi_1=f(\pi_2,\bar{\pi}_3)+f(\bar{\pi}_2,\pi_3)-f(\bar{\pi}_2,\bar{\pi}_3) \tag{3.15}$$

式(3.15)即是把式(3.13)的左右两端分别表示，与式(3.11)比较：

$$\pi_1=f(\pi_2,\pi_3)=f(\pi_2,\bar{\pi}_3)+f(\bar{\pi}_2,\pi_3)-C \tag{3.16}$$

其中，常数 $C=f(\bar{\pi}_2,\bar{\pi}_3)$。

为了验证式(3.16)的有效性，将 π_2 由值 $\bar{\pi}_2$ 用 $\bar{\bar{\pi}}_2$ 代替(即让另外一个水平数的试验结果来代替前一个试验水平数的试验结果，俗话讲，就叫换个角度看看)，式(3.14)就会变成：

$$f_1(\pi_2,\bar{\pi}_3)+f_2(\bar{\bar{\pi}}_2,\pi_3)=f(\pi_2,\bar{\pi}_3)+f(\bar{\bar{\pi}}_2,\pi_3)-(f_1(\bar{\bar{\pi}}_2,\bar{\pi}_3)+f_2(\bar{\bar{\pi}}_2,\bar{\pi}_3)) \tag{3.17}$$

即

$$\pi_1=f(\pi_2,\bar{\pi}_3)+f(\bar{\bar{\pi}}_2,\pi_3)-f(\bar{\bar{\pi}}_2,\bar{\pi}_3) \tag{3.18}$$

此时，常数 $C=f(\bar{\bar{\pi}}_2,\bar{\pi}_3)$，即

$$\pi_1=f(\pi_2,\bar{\pi}_3)+f(\bar{\bar{\pi}}_2,\pi_3)-C \tag{3.19}$$

令式(3.15)和式(3.18)的右端相等，即产生了 π_1、π_2、π_3 能够具有总和关系的判别式：

$$f_1(\bar{\pi}_2,\pi_3)-f_2(\bar{\pi}_2,\bar{\pi}_3) \doteq f_1(\bar{\bar{\pi}}_2,\pi_3)-f_2(\bar{\bar{\pi}}_2,\bar{\pi}_3) \tag{3.20a}$$

或

$$f_1(\bar{\pi}_2,\pi_3)-f_2(\bar{\pi}_2,\bar{\pi}_3) \doteq f_1(\bar{\bar{\pi}}_3,\pi_2)-f_2(\bar{\bar{\pi}}_3,\bar{\pi}_2) \tag{3.20b}$$

式(3.20a)或(3.20b)作为试验有效性的校核用。

当相似准则扩充到 s 项时，则：

$$\pi_1=(\pi_{\frac{1}{2}})_{\bar{3},\bar{4},\cdots,\bar{s}}+(\pi_{\frac{1}{3}})_{\bar{2},\bar{4},\cdots,\bar{s}}+\cdots+(\pi_{\frac{1}{s}})_{\bar{2},\bar{3},\cdots,\overline{s-1}}-(s-2)f(\bar{\pi}_2,\bar{\pi}_3,\cdots,\bar{\pi}_s) \tag{3.21}$$

或
$$\pi_1 = (\pi_{\frac{1}{2}})_{\bar{3},\bar{4},\cdots,\bar{s}} + (\pi_{\frac{1}{3}})_{\bar{2},\bar{4},\cdots,\bar{s}} + \cdots + (\pi_{\frac{1}{s}})_{\bar{2},\bar{3},\cdots,\overline{s-1}} - (s-2)f(\bar{\bar{\pi}}_2,\bar{\pi}_3,\cdots,\bar{\pi}_s) \quad (3.22)$$

$$(\pi_{\frac{1}{3}})_{\bar{2},\bar{4},\bar{5},\cdots,\bar{s}} - f(\bar{\pi}_2,\bar{\pi}_3,\bar{\pi}_4,\cdots,\bar{\pi}_s) \stackrel{.}{=} (\pi_{\frac{1}{3}})_{\bar{2},\bar{4},\bar{5},\cdots,\bar{s}} - f(\bar{\bar{\pi}}_2,\bar{\pi}_3,\bar{\pi}_4,\cdots,\bar{\pi}_s) \quad (3.23)$$

或
$$(\pi_{\frac{1}{2}})_{\bar{3},\bar{4},\cdots,\bar{s}} - f(\bar{\pi}_2,\bar{\pi}_3,\bar{\pi}_4,\cdots,\bar{\pi}_s) \stackrel{.}{=} (\pi_{\frac{1}{2}})_{\bar{3},\bar{4},\cdots,\bar{s}} - f(\bar{\pi}_2,\bar{\bar{\pi}}_3,\bar{\pi}_4,\cdots,\bar{\pi}_s) \quad (3.24)$$

式(3.21)~式(3.24)的证明过程与上节同,这里从略。有兴趣的读者自行证明。

思考题

1. 理解组分方程的含义以及特点。

2. 理解相似准则的函数关系时,需要建立 $f(\pi_2,\bar{\pi}_3) = f_1(\pi_2,\bar{\pi}_3)$, $f(\pi_3,\bar{\pi}_2) = f_2(\pi_3,\bar{\pi}_2)$ 在形式上分别是恒成立的概念。试结合书中内容,仔细体会。

3. $f_1(\pi_2,\bar{\pi}_3) = (\pi_{1/2})_{\bar{3}}$ 是组分方程的定义式,也可以理解为:前者表示一般式,后者表示具体式,具体式中就有具体的系数或常数。试结合书中内容,仔细体会。

4. 在现有数学理论的条件下,当现象和试验条件一定时,π 的表达形式是否恒定不变?

4 试验内容设计原理

导读

应用相似准则建立相似型经验公式时：

(1) 必须要建立全部的组分方程；

(2) 为了验证即将建立的经验公式的有效性，对于其中的某一个或两个相似准则，还必须要创造能再次建立组分方程的条件。也就是说，变换一个新的角度也能观察到现象的同一本质。所以，根据相似准则已有的函数理论，当相似准则建立后，要建立经验公式，其试验内容就是一个已知量。

4.1 设计原则

试验内容的设计原则，一是为了满足判别式的运算而创建条件，一是为了满足建立全部的组分方程而创建条件。下面就以相似准则的数量从小到大为序，完成其相应的试验内容设计。

4.2 设计原理

(1) π 项数为1。当仅有一个相似准则 π 时，不存在"乘积"或"和差"关系的判断，只需要 π 的试验结果，建立 $\pi=\bar{\pi}$ 的关系就能够将试验结果应用到原型了。

(2) π 项数为2。当仅有一个相似准则 π 时，也不存在"乘积"或"和差"关系的判断，只需要 $\pi_1=f(\pi_2)$ 的试验结果，即建立唯一的、线性的组分方程。应用这个组分方程就能够将试验结果应用到原型了。

(3) π 项数为3。当有三个相似准则，即 π_1、π_2、π_3，当数量增加到3个及其以上时，就存在"乘积"或"和差"关系的判断问题，其中，π_2 取 $\bar{\pi}_2$ 和 $\bar{\bar{\pi}}_2$，π_3 取 $\bar{\pi}_3$ 和 $\bar{\bar{\pi}}_3$。有这4个试验内容，就能满足判别式的使用条件，然后建立组分方程，寻找 π_1、π_2、π_3 的区间性下的普遍性的联系规律，即就能够将试验结果应用到原型了。

(4) π 项数为4。当有四个相似准则，即 π_1、π_2、π_3、π_4，当 π_2 取 $\bar{\pi}_2$ 和 $\bar{\bar{\pi}}_2$，π_3 取 $\bar{\pi}_3$ 和 $\bar{\bar{\pi}}_3$，π_4 取 $\bar{\pi}_4$。有这5个试验内容，就能满足判别式的使用条件，然后建立组分方程，寻找 π_1、π_2、π_3、π_4 的普遍性，建立经验公式，就能够将试验结果应用到原型了。

(5) π 项数为 s。若有 s 个相似准则，即 $\pi_1,\pi_2,\cdots,\pi_s$，存在"乘积"或"和差"关系的判断问题。其中，π_2 取 $\bar{\pi}_2$ 和 $\bar{\bar{\pi}}_2$，π_3 取 $\bar{\pi}_3$ 和 $\bar{\bar{\pi}}_3$，以及 π_4 取 $\bar{\pi}_4$，……，π_s 取 $\bar{\pi}_s$。有 $(s+1)$ 项属于试验的基本内容，最多再扩充1项试验内容（准备使用第二个判别式时用），就能满足判别式的使用条件，然后建立组分方程，寻找 $\pi_1,\pi_2,\cdots,\pi_s$ 在区间内的普遍性关系，就能够将试验结果应用到原型了。

4.3 设计结果

不同相似准则的数目下,试验内容的设计结果可以用表格进行更直观描述,已达到方便应用的目的。详见表 4.1～表 4.3。

当 $s=3$ 时试验内容的设计结果　　表 4.1

试验内容		试验条件		
		变化的	基准的	辅助的
最初阶段	$(\pi_{1/2})_{\overline{3}}$	π_2	π_3	
	$(\pi_{1/3})_{\overline{2}}$	π_3	π_2	
第二阶段	$*(\pi_{1/2})_{\overline{3}}$	π_2		π_3
最后阶段	$**(\pi_{1/3})_{\overline{2}}$	π_3		π_2

注:*3 个相似准则,在最初阶段,全部的试验内容就 2 项;在第二阶段,根据试验难易程度可以 2 选 1;在最后阶段,就只剩余 1 项了(从理论上讲,最后阶段也可以不选,如前所述,一般只需要各选择第二阶段的一项进行运算就可以了,除非当对检验结果有怀疑或想要加强分析结果的可靠性时,才选择最后阶段的方法进行的运算或检验。以下同)。

**或可以不选(以下同)。

当 $s=4$ 时试验内容的设计结果　　表 4.2

试验内容		试验条件		
		变化的	基准的	辅助的
最初阶段	$(\pi_{1/2})_{\overline{34}}$	π_2	π_3、π_4	
	$(\pi_{1/3})_{\overline{24}}$	π_3	π_2、π_4	
	$(\pi_{1/4})_{\overline{23}}$	π_4	π_2、π_3	
	(共 3 项)			
第二阶段	$(\pi_{1/3})_{\overline{24}}$	π_3	π_4	π_2
	$(\pi_{1/4})_{\overline{23}}$	π_4	π_3	π_2
	(*选 2 项)			
最后阶段	$(\pi_{1/2})_{\overline{34}}$	π_2	π_4	π_3
	(**选 1 项)			

注:*4 个相似准则,在最初阶段,全部的试验内容就 3 项;在第二阶段,根据试验难易程度可以任意选 2(从理论上讲,也可选 1 项,以下同);在最后阶段,还可以任意选 1 项。

当 $s>4$ 时试验内容的设计结果　　表 4.3

试验内容		试验条件		
		变化的	基准的	辅助的
最初阶段	$(\pi_{1/2})_{\overline{34}\cdots\overline{s}}$	π_2	π_3、π_4、……、π_s	
	$(\pi_{1/3})_{\overline{24}\cdots\overline{s}}$	π_3	π_2、π_4、……、π_s	
	$(\pi_{1/4})_{\overline{23}\cdots\overline{s}}$	π_4	π_2、π_3、……、π_s	
	⋮	⋮	⋮	
	$(\pi_{1/s})_{\overline{23}\cdots\overline{s}}$	π_s	π_2、π_3、……、π_s	
	(共 $s-1$ 项)			

续上表

试验内容		试验条件		
		变化的	基准的	辅助的
第二阶段	$(\pi_{1/3})\overline{2\,4\ldots s}$ $(\pi_{1/4})\overline{2\,3\ldots s}$ (*选2项)	π_3 π_4	$\pi_4、\pi_5、\cdots\cdots、\pi_s$ $\pi_3、\pi_5、\cdots\cdots、\pi_s$	π_2 π_2
最后阶段	$(\pi_{1/2})\overline{3\,4\ldots s}$ (**选1项)	π_2	$\pi_4、\pi_5、\cdots\cdots、\pi_s$	π_3

注：*$(s-1)$个相似准则，在最初阶段，全部的试验内容就$(s-1)$项；在第二阶段，根据试验难易程度可以任选2项或1项；在最后阶段，可以任选1项或不选。

思考题

1. 理解试验的含义以及特点。
2. 读懂试验内容量的决定因素。

5 减少相似准则数量分析原理

导读

为了把原型或现象能够描述清楚,往往会产生较多的单值条件,而初学者往往会把目光盯在原始的物理量上面,总认为把原始物理量寻找得越全面越好。一旦物理量的总数多了,就会有较多的相似准则,试验难度就增大了。在能够正确描述现象的前提下,减少试验难度的途径有如下两个:

(1)更新单值条件。有时在尽量清楚地描述现象时,会发现有些作为自变量的单值与单值之间又存在某种联系,或能够组成新的单值。

(2)扩充基本量纲。这两条途径都能够达到减小试验难度、简洁经验公式的目的。

5.1 减少的原则

相似理论指导下的试验研究的一个很显著的特点就是能够减少研究参数,即现象中的几个物理量能够按照无量纲组合的原则组成一个无量纲组合,使研究方法大为简化。这一优势在量纲分析中已经得到了体现。

在不违背现象本质的原则下,通过透彻分析现象的具体特征,建立相似准则时,还能够使 π 项进一步减少,以达到试验内容再减少,分析过程更省事,经验公式最简明的目的。常见的技术途径有两大类,一类为单值条件更新法,另一类为基本量纲扩充法。

5.2 单值条件更新法

5.2.1 同类参量和差(加减)法

原理:同类参量和差法就是在已有的单值条件中,根据某种内在规律能够把部分单值条件以和差的形式组合在一起,就能够形成与现象相关的一个新的单值条件的方法。

举例:雨滴下落的速度规律。

已知:描述雨滴下落现象的单值条件有6项,其中,v 为速度,r 为描述雨滴大小的半径,g 为重力加速度,η 为空气的黏性,ρ_1 和 ρ_2 分别为空气和雨滴的密度。其一般函数式则为:

$$f(v,r,g,\eta,\rho_1,\rho_2)=0 \tag{5.1}$$

问题:试建立雨滴的末速度 v。

解:现象的单值条件为6,在质量系统中,基本量纲的种类数为3,那么毫无疑问,在前面建立的知识框架下,必须有6-3=3(项)的无量纲组合。这就是说需要选择3个以基础物理量为身份的单值,去表达另外的3个只能以函数物理量为身份的单值,来生成3项相似准则。

如何能够使相似准则减少,关键需要分析现象与单值之间的影响本质。影响雨滴下落速度的本质是空气对雨滴存在浮力,浮力的大小与 $\rho_1-\rho_2$ 有关,即只要把密度的概念转换成浮力的概念,可以用 $\rho_1-\rho_2$ 代替 ρ_1 和 ρ_2。所以,原函数关系就可以写成:

$$f[v,r,g,\eta,\rho_1-\rho_2]=0 \tag{5.2}$$

此时,很显然,现象相似的准则数量就成为 5-3=2(项)。这就是说基础物理量依然是3个,可需要去表达的函数物理量此时只剩2个了。根据量纲分析法,求得现象的2项相似准则,即

$$\pi_1=\frac{v^2}{gr},\pi_2=\frac{\rho_1-\rho_2 vr}{\eta} \tag{5.3}$$

故而有:

$$v=K\frac{r^2g}{\eta}(\rho_1-\rho_2) \tag{5.4}$$

式中:K——系数。

K 的值能够通过试验手段测到,从而可建立一个相似型经验公式,进而确定雨滴下落的速度与其他因素的关系。

5.2.2 异类参量乘积法

原理:异类参量乘积法就是在已有的单值条件中,根据某种内在规律能够把部分单值条件以乘积的形式组合在一起,就能够形成与现象相关的一个新的单值条件的方法。

举例:矩形截面悬臂梁弯曲变形。

问题:试建立悬臂梁在自由端垂直集中荷载作用下的变形与荷载的关系。

对于矩形截面悬臂梁,已知 $f(P,l,b,h,\Delta,E)=0$,其中 P 为作用在悬臂梁自由端的集中力,l 为梁的长度,b 和 h 分别为悬臂梁截面的宽和高,Δ 为悬臂梁自由端的垂直变形量,E 为材料的弹性模量。

解:现象的单值条件数为6,基本量纲数为2,需要建立的相似准则数为 6-2=4(项),此时的基础物理量只有2个,在这里只能选梁的长度 l 和材料的弹性模量 E 了,因为它们是试验必须已知的量,其他的4个就自然成为函数物理量了。通过量纲分析,即得:

$$\frac{\Delta}{l}=f\left(\frac{b}{l},\frac{h}{l},\frac{P}{El^2}\right) \tag{5.5}$$

4项相似准则的试验内容较多,试验量较大。在此基础上,能不能将相似准则的数量减少?

根据材料力学的基础知识可知,$I=bh^3/12$,叫作矩形截面惯性矩,EI 叫作受弯构件的抗弯刚度,所以 b、h 和 E 三个单值条件就能够用抗弯刚度这一个新的单值条件所代替,此时。现象的单值条件数则变为4,基本量纲种类数仍为2,需要建立的相似准则数则为 4-2=2(项),此时的基础物理量就变成梁的长度 l 和抗弯刚度 EI 了,剩余的变形量 Δ 和集中力 P 两个单值就自然成为函数物理量了,通过量纲分析,即得:

$$\frac{\Delta}{l}=f\left(\frac{Pl^2}{EI}\right) \tag{5.6}$$

根据试验,式(5.6)可以写成:

$$\Delta = K\frac{Pl^3}{EI} \tag{5.7}$$

式中:K——常数,由试验所得。

由此能够得到一个简洁的经验公式,其表达形式与材料力学的数学解析解的表达形式一致,即式(5.7)能够反映现象的本质。

5.3 基本量纲扩充法

5.3.1 基本量纲扩充的原则

(1)准备扩充的量纲与现象有关,且能够用现象中某单值条件中存在的量纲表示,即不能无中生有;

(2)准备扩充的量纲在现象中具有其独立性,既不能是导出量纲,也不能与现象中其他量的量纲完全一样,即量纲出现的场合不能完全相同;

(3)准备扩充的量纲不能妨碍现象的无量纲组合,即必须保持量纲齐次性。扩充的量纲在量纲分析中是为了起帮助作用的,不能有副作用产生。对于齐次,在这里可以简单直观地理解为两个单项式的相等;相应地,非齐次就直观成多项式之间的相等了。

5.3.2 系统量纲的扩充

在不进行量纲扩充时,量纲有两大系统,一个为质量系统(也叫绝对系统),简称 MLT 系统,这个系统适合于质体,比如分子的运动、流体现象等;另一个为力学系统(也叫相对系统),简称 FLT 系统,这个系统更适合于刚体,比如梁、板的受力体系等。系统量纲的扩充,要么就是以质量系统为基础,扩充 F 量纲,形成 MLTF 系统,要么就是以力学系统为基础,扩充 M 量纲,形成 FLTM 系统。比如,当现象的流速较小使得惯性的作用忽略不计时,F 量纲和 M 量纲具有独立性,在两个系统中,可以互相扩充。

对于低速运动的现象,通过量纲的扩充手段,能够消除介质密度以及速度等产生的影响,或可以用容重代替密度,同时能够忽略速度的影响,使问题得到简化。

在不涉及分子运动的前提下,MLT 系统可以扩充温度的量纲℃,或假定热能不进行转换能够成立时,MLT 系统中还可以扩充热量 Q 的量纲(见表 5.1)或同时扩充温度与热量(见表 5.2)。

扩充温度量纲或扩充热量量纲　　表 5.1

参 量	量 纲 系 统							
	M	L	T	℃	M	L	T	Q
热量 Q	1	2	-2	0	0	0	0	1
单位面积导热量 q	1	0	-2	0	0	-2	0	1
温度差 ΔT	0	0	0	1	1	2	-2	0

同时扩充温度量纲与热量量纲　　　　　　　　表5.2

参量	量纲系统				
	M	L	T	Q	℃
热量 Q	0	0	0	1	0
单位面积导热量 q	0	-2	0	1	0
单位时间单位面积导热量 q_i	0	-2	-1	1	0
温度差 ΔT	0	0	0	0	1

5.3.3 长度量纲的扩充

在空间坐标系中,把长度分解为 x、y、z 三个方向的分量,且互相独立,即把量纲的种类数在原有基础上增加了2个。对于密度而言,量纲扩充后分析的变化见表5.3。

扩充长度量纲　　　　　　　　表5.3

参量	量纲系统						
	M	L	T	M	x	y	z	T
质量体的密度	1	-3	0	1	-1	-1	-1	0

5.3.4 时间量纲的扩充

时间在现象中,往往有两个不同的含义,一方面物理量自身的定义中所含有的时间概念,另一方面完成该物理量又不得不消耗的时间。这两个环境下的时间概念具有不同的独立的物理含义,故就可以把时间当作两个独立的物理量对待了。比如在描述功率时扩充后的量纲见表5.4。

扩充时间量纲　　　　　　　　表5.4

参量	量纲系统			
	M	L	T_1	T_2
功率	1	2	-2	-1

5.3.5 质量量纲的扩充

与时间能够扩充相似,强调物质在质上的质量 m_1 和强调物体在惯性力上的质量 m_2 是互相独立的两个量,此时质量的量纲就可以被扩充。比如,在描述有比热概念的现象中,比热在定义上是单位质量的物质温度每升高1K时所需要的热量,而质量本身就是一种独立的物理量。故质量的量纲能够扩充,见表5.5。

扩充质量量纲　　　　　　　　表5.5

参量	量纲系统				
	M_1	M_2	L	T	℃
比热	1	-1	2	-2	-1

5.4 小结

单值条件更新法是以减少描述现象的物理量数量来达到减少相似准则的目的,当基本量纲的种类数不变时,减少现象物理量的总数,即减少了函数物理量的数量;而基本条件的扩充法则是以增大基本量纲的种类数,即在物理量总数不变的条件下,增大基本量纲的种类数,减少了函数物理量的数量。总之,相似准则越少,建立经验公式的成本就越低。

模型永远不是原型,在设计模型的过程中,工作本身就会由于相似产生新问题。世界是矛盾的,往往解决一个矛盾的同时又会不可避免地产生新的矛盾,或强调一个侧面的同时就会不可避免地忽视另外一个侧面。从技术的角度,现实的观点就是能够满足工程需求为原则。

6 组分方程线性回归原理

导读

有几种曲线方程,将其参数通过数学代换的方法(或运算方法)就能够变成直线方程。将方程线性化后,在试验数据处理时,需要的技术手段往往比较简单、成本小,且结果更令人满意。要把握这些线性化的特征,首先需要把原有方程的曲线绘制出来。

6.1 概述

建立组分方程时,试验数据还可以用函数方式来表达,用函数形式表示试验数据之间存在着的关系,这种表示更精确、完备。将试验数据之间的关系建成一个函数,包括两项工作:一是确定函数形式,二是求函数表达式中的系数。试验数据之间的关系往往是复杂的,很难找到一个真正反映这种关系的函数,但一般还是可以找到一个最佳的近似函数的。因此常用来建立函数的方法有回归分析、系统识别等方法。

6.2 确定组分方程形式

由试验数据建立函数,首先要确定函数的形式,函数的形式应能反映各个变量之间的关系。有了一定的函数形式,才能进一步利用数学手段求得函数式中的各个系数。

函数形式可以从试验数据的分布规律中得到,通常做法是把试验数据作为函数坐标点画在坐标纸上,根据这些函数点的分布或由这些点连成的曲线的趋向,确定一种函数形式。在选择坐标系和坐标变量时,应尽量使函数点的分布或曲线的趋向简单明了,如呈线性关系;还可以设法通过变量代换,将原来关系不明确的转变为明确的,将原来呈曲线关系的转变为线性关系。常用的函数形式以及相应的线性转换见表 6.1。还可以采用多项式,如:

$$y = \alpha_0 + \alpha_1 x + \alpha_2 x^2 + \cdots + \alpha_n x^n \tag{6.1}$$

确定函数形式时,应该考虑试验结构的特点,考虑试验内容的范围和特性,如是否经过原点,是否有水平或垂直,或沿某一方向的渐进线、极值点的位置等,这些特征对确定函数形式很有帮助。严格地说,所确定的函数形式,只是在试验结果的范围内才有效,只能在试验结果的范围内使用;如要把所确定的函数形式推广到试验结果的范围以外,应该要有充分的依据。

6.3 求组分方程式的系数

对某一试验结果,确定了函数形式后,应通过数学方法求其系数,所求得的系数使得这一函数与试验结果尽可能相符。常用的数学方法有回归分析和系统识别。

常见函数形式以及相应的线性变换　　　　　　　　　　表 6.1

序号	图形及特征	名称及方程
1		双曲线 $\dfrac{1}{y}=a+\dfrac{b}{x}$
1		令 $y'=\dfrac{1}{y}, x'=\dfrac{1}{x}$ 则 $y'=a+bx'$
2		幂函数曲线 $y=rx^b$
2		令 $y'=\lg y, x'=\lg x, a=\lg r$ 则 $y'=a+bx'$
3		指数函数曲线 $y=re^{bx}$
3		令 $y'=\ln y, a=\ln r$ 则 $y'=a+bx$
4		指数函数曲线 $y=re^{\frac{b}{x}}$
4		令 $y'=\ln y, x'=\dfrac{1}{x}, a=\ln r$ 则 $y'=a+bx'$
5		对数曲线 $y=a+b\lg x$
5		令 $x'=\lg x$ 则 $y=a+bx'$
6		S 形曲线 $y=\dfrac{1}{a+be^{-x}}$
6		令 $y'=\dfrac{1}{y}, x'=e^{-x}$ 则 $y'=a+bx'$

6.3.1 回归分析一般原理

设试验结果为 $(x_i, y_i)(i=1,2,\cdots,m)$，用一函数来模拟 x_i 与 y_i 之间的关系，这个函数中有待定系数 $\alpha_j(j=1,2,\cdots,m)$，可写为：

$$y=f(x,\alpha_j) \qquad (j=1,2,\cdots,m) \qquad (6.2)$$

上式中的 α_j 也可称为回归系数。求这些回归系数所遵循的原则是:将所求到的系数代入函数式中,用函数式计算得到的数值应与试验结果呈最佳近似。通常用最小二乘法来确定回归系数 α_j。所谓最小二乘法,就是使由函数式得到的回归值与试验的偏差平方之和 Q 为最小,从而确定回归系数 α_j 的方法。Q 可以表示为 α_j 的函数:

$$Q = \sum_{i=1}^{n} [y_i - f(x_i, \alpha_j)]^2 \quad (j=1,2,\cdots,m) \tag{6.3}$$

式中,(x_i, y_i) 为试验结果。根据微分学的极值定理,要使 Q 为最小的条件是把 Q 对 α_j 求导数并令其等于零,如:

$$\frac{\partial Q}{\partial \alpha_j} = 0 \quad (j=1,2,\cdots,m) \tag{6.4}$$

求解以上方程组,就可以解得使 Q 值为最小的回归系数 α_j。

6.3.2 一元线性回归分析

设试验结果 x_j 与 y_j 之间存在着线性关系,可得直线方程如下:

$$y = a + bx \tag{6.5}$$

相对的偏差平方之和 Q 为:

$$Q = \sum_{i=1}^{n} (y_i - a - bx_i)^2 \tag{6.6}$$

把 Q 对 a 和 b 求导,并令其等于零,可解得 a 和 b 如下:

$$b = \frac{L_{xy}}{L_{xx}} \text{ 及 } a = \bar{y} - b\bar{x} \tag{6.7}$$

式中,$\bar{x} = \frac{1}{n} \sum_{i=1}^{n} x_i$,$\bar{y} = \frac{1}{n} \sum_{i=1}^{n} y_i$,$L_{xx} = \sum_{i=1}^{n} (x_i - \bar{x})^2$,$L_{xy} = \sum (x_i - \bar{x})(y_i - \bar{y})$。

设 r 为相关系数,它反映了变量 x 和 y 之间线性相关的密切程度,r 由下式定义:

$$r = \frac{L_{xy}}{\sqrt{L_{xx} L_{yy}}} \tag{6.8}$$

式中,$L_{yy} = \sum (y_i - \bar{y})^2$,显然 $|r| \leq 1$。当 $|r| = 1$,称为完全线性相关,此时所有的数据点 (x_i, y_i) 都在直线上;当 $|r| = 0$,称为完全线性无关,此时数据点的分布毫无规则;$|r|$ 越大,线性关系好;$|r|$ 很小时,线性关系很差,这时再用一元线性回归方程来代表 x 与 y 之间的关系就不合理了。表 6.2 为对应于不同的 n 和显著性水平 α 下的相关系数的起码值,当 $|r|$ 大于表中相应的值,所得到的直线回归方程才有意义。

相关系数检验表　　　　　　　　　　表 6.2

α \ $n-2$	0.05	0.01	α \ $n-2$	0.05	0.01
1	0.997	1.000	4	0.811	0.917
2	0.950	0.990	5	0.754	0.874
3	0.878	0.959	6	0.707	0.834

续上表

α / $n-2$	0.05	0.01	α / $n-2$	0.05	0.01
7	0.656	0.798	24	0.388	0.496
8	0.632	0.765	25	0.381	0.487
9	0.602	0.735	26	0.374	0.478
10	0.576	0.708	27	0.367	0.470
11	0.553	0.684	28	0.361	0.463
12	0.532	0.661	29	0.355	0.456
13	0.514	0.641	30	0.349	0.449
14	0.497	0.623	35	0.325	0.418
15	0.482	0.606	40	0.304	0.393
16	0.468	0.590	45	0.288	0.372
17	0.456	0.575	50	0.273	0.354
18	0.444	0.561	60	0.250	0.325
19	0.433	0.549	70	0.232	0.302
20	0.423	0.537	80	0.217	0.283
21	0.413	0.526	90	0.205	0.267
22	0.404	0.515	100	0.195	0.256
23	0.396	0.505	200	0.138	0.181

6.3.3 一元非线性回归分析

若试验结果 x_i 和 y_i 之间的关系不是线性关系,可以利用表6.1进行变量代换,先转换为线性关系,再求出函数式中的系数;也可以直接进行非线性回归分析,用最小二乘法求出函数式中的系数。对变量 x 和 y 进行相关性检验,可以用下列的相关指数来表示:

$$R^2 = 1 - \frac{\sum (y_i - y)^2}{\sum (y_i - \bar{y})^2} \qquad (6.9)$$

式中,$y = f(x_i)$,即是把 x_i 代入回归方程得到的视函数值,y_i 是试验结果,$\bar{y}$ 是试验结果的平均值。相关指数 R^2 的平方根 R 称为相关系数,但它与前面的线性相关系数不同:

相关指数 R^2 和相关系数 R 都是表示回归方程或回归曲线与试验结果的拟合程度的,R^2 和 R 趋近于1时,表示回归方程的拟合程度好,R^2 和 R 趋近于零时,表示回归方程的拟合程度不好。

线性相关系数 $|r|=1$,称为完全线性相关。

6.3.4 多元线性回归分析

当所研究的问题有两个以上的自变量时,就应该采用多元回归分析。另外,由于许多非线性问题都可以化为多元线性回归问题,所以,多元线性回归分析是最常用的分析方法之一。

设试验结果 $x_{ji}(j=1,2,3,\cdots,m;i=1,2,3,\cdots,n)$ 是 $y_i(i=1,2,3,\cdots,n)$ 的自变量，则 y_i 与 x_{ji} 的关系式为：

$$y_i = a_i + \sum_{j=1,i=1}^{j=m,i=n} b_{ji} x_{ji} \tag{6.10}$$

式中的 a_i 和 b_{ji} 为多元线性回归系数，用最小二乘法求得。

6.3.5 系统识别原理简介

对于拟合现象的方程，除了数据回归方法外，还有一种方法叫系统识别方法。系统识别方法用于拟合动力方程更方便，在结构动力试验中，常把结构看作一个系统，结构的激励为输入，结构的反应为系统的输出，结构的刚度、阻尼和质量就是系统的特征。系统识别就是用数学的方法，由已知的系统输入和输出，来找出系统的特性或特性最优的近似解。

思考题

表 6.3 及表 6.4 为两组虚拟的试验测试值，试对其进行回归分析，并建立其表达式。

虚 拟 一　　　　表6.3

x	0	2	4	6	8	10
y	0.2	2.0	9.0	31.0	46.0	50.0

虚 拟 二　　　　表6.4

x	0	1	2	3	4	5
y	3.0	8.0	23.0	65.0	175.0	470.0

7 试验组织原理

导读

PPIS 的原理不但适用于试验组织,更适合于处理日常事务。

7.1 组织的意义

7.1.1 试验特点的要求

(1)组织过程复杂

相似试验如建筑结构模型试验或河床模型试验等都没有固定的模式,往往个别性很强,组织内容、规模、模式等不可能完全一样。不像建筑材料试验,有规范化的仪器仪表,有规范化的试验程序和要求,试验工作从头到尾都是标准化的。

(2)试验耗资较大

试验试件的设计要求比较特殊,施工成本较高,试验设备数量多、品种多,试验人员数量多,易耗品数量大、费用高,测点数量多、品种也多,使试验组织工作的难度较大、成本高。试验一旦失败,其损失难以挽回,即试验的重复性差。

(3)试验周期长

试验的耗时量大是其又一特点。

7.1.2 关系到试验的成败

俗语讲得好,"良好的开头是成功的一半。"相似试验也是如此,不完整的试验方案只能导致试验的失败。下面举例说明:

某钢管空心混凝土受弯构件抗弯试验的两个方案对比见图 7.1 所示。

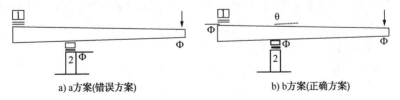

图 7.1 某钢管空心混凝土受弯构件抗弯试验组织方案对比图

图 7.1 中"1"表示压梁及其垫块,"2"表示支墩及其垫块,"θ"表示倾角传感器,"Φ"表示位移传感器。"↓"表示荷载。

对照 b 方案,a 方案的错误在于:

(1)"1"处试件的上表面没有位移传感器,使试件悬臂端实际位移因产生一个增加量 Δ_1 而失真,见图 7.2a)所示。

(2)"2"处左上方试件的上表面设有倾角传感器,使试件悬臂端实际位移因产生一个增加量 Δ_2 而失真,见图 7.2b)所示。

(3)"2"处右上方的位移传感器没有布置在其上方试件的下表面,使试件悬臂端实际位移因产生一个增加量 Δ_3 而失真,见图 7.2c)所示。

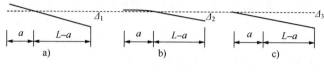

图 7.2 位移增量分析简图

7.1.3 体现技术水平和管理水平的窗口

组织者优秀的组织才华和组织艺术均体现在细致周全的组织方案中,如图 7.1 所示的两方案中,哪个方案优秀则一目了然。

7.1.4 小结

综上所述,试验组织工作是试验工作不可或缺的一部分,不可小视。

7.2 组织的基本理论

7.2.1 PPIS 循环的概念

工作任务或劳动任务总是分阶段来完成的。比如教育就有小学、中学、大学三个大的阶段;又如基本建设就有项目建议、可行性论证、立项、设计、施工、试车投产以及项目总结等几个明显的阶段;再如竞技节目就有艺术设计、排练或训练、表演或比赛、总结与提高等阶段,等等。类似的例子不胜枚举。

一般地,一个具体的工作可以划分为设计(plan)、准备(prepare)、实施(implement)和总结(summarize)等四个阶段,前一个阶段是后一个阶段的基础,后一个阶段是前一个阶段的结果。

(1)计划阶段(P)。计划阶段主要解决干什么? 在哪儿干? 何时干? 由谁干? 怎么干等问题,是一项劳动任务的承担者在纸面上或在脑子里进行组织劳动的过程,是 PPIS 循环中非常关键的一个阶段。计划阶段包括下面四个具体步骤:

第一步,分析工作现状,认准工作对象,明确工作目标;

第二步,把握工作性质,分析其影响因素,在各影响因素中找出主要影响因素;

第三步,分析目前影响工作的有利条件与不利条件;

第四步,制定完成工作的具体方案。

(2)准备阶段(P)。准备阶段为实施阶段奠定基础,实现从计划阶段到实施阶段的过渡,是 PPIS 循环中很重要的一个阶段。"不打无准备之仗"正是准备阶段重要性的体现。

(3)实施阶段(I)。实施阶段是一次大检验,检验计划的周密性,检验准备的充分性。实施阶段更是产生结果的过程,是 PPIS 循环中很突出的一个阶段。

(4)总结阶段(S)。总结阶段首先是将实施结果与计划目标进行对比,找出差距,肯定成绩,然后是总结经验,巩固措施;同时也是把提出的尚未解决的问题,转入下一个循环,再来研究措施,制订计划,予以解决的过程。总结阶段是 PPIS 循环中很必要的一个阶段。

7.2.2 循环的应用范围

PPIS 循环体系是质量管理专家提出来的,但其思想内涵很丰富,可以应用的范围非常广泛,遍布各行各业。可以这样理解,PPIS 循环是处理矛盾的具体过程,所以只要有矛盾存在,PPIS 循环就存在。

7.2.3 PPIS 循环的特点

(1)连续性。PPIS 循环的四个阶段缺一不可,必须连续存在,缺少任意一个环节,则循环无法继续进行(图 7.3)。

(2)有序性。PPIS 循环各阶段的先后次序不能颠倒,就好像一只转动的车轮,在解决问题中依次滚动前进,逐步使工作质量得到提高。

(3)层次性。PPIS 循环在处理问题的不同层次都存在,比如在企业内部,整个企业的运转是一个大循环,企业各部门又有中层循环。每个人还有自己完成任务的小循环。上循环是下循环的依据,下循环又是上循环的内容。

(4)嵌套性。PPIS 循环在循环的每一个环节中又存在独立的小循环,比如 P 中有自己的 PPIS,P 中又有自己的 PPIS,并且 S 中的 P 还有更小的 PPIS,直至劳动者个体是最后一级 PPIS 循环的组织者。

(5)广泛性。矛盾处处存在且时时存在,故 PPIS 循环也是无处不在处处在,无时不存时时存。

(6)关键性。PPIS 循环的关键是在 P 阶段,它是标准化的基础,是获得良好劳动成果可能性的基础,是指导同级其他循环环节的关键。

(7)重复性。PPIS 循环不是在原地转动,而是在滚动中前进。周而复始,重复出现。

(8)进步性。每个循环结束,质量提高一步,水平上升一层,组织方法进步一次。

四个阶段,周而复始,循环一回,改善一次,提高一步,螺旋上升(图 7.4)。

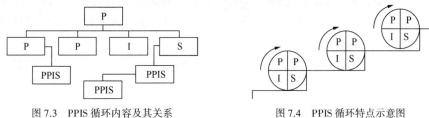

图 7.3 PPIS 循环内容及其关系　　　　图 7.4 PPIS 循环特点示意图

7.3 试验的 PPIS 循环

7.3.1 计划阶段

试验是一项细致复杂的工作,必须严格认真地对待,任何疏忽都会影响试验结果或试验的正常进行,甚至导致试验失败或危及人身安全,因此在试验前需对整个试验工作作出规划。工作内容如图 7.5 所示。

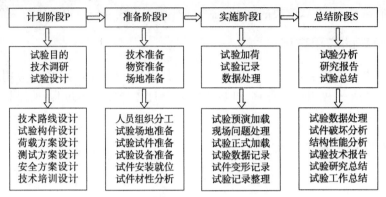

图 7.5　结构实验 PPIS 循环四阶段的内容及关系示意图

规划阶段首先要反复研究试验目的,充分了解体会试验的具体任务,进行调查研究,搜集有关资料,包括在这方面已有哪些理论假定,做过哪些试验,及其试验方法、试验结果和存在的问题等。在以上工作的基础上确定试验的性质与规模。若为研究性试验,应提出本试验拟研究的主要参量以及这些参量在数值上的变动范围,并根据试验室的设备能力确定试件的尺寸和量测项目及量测要求,最后,提出试验大纲。

7.3.2　准备阶段

对于试验而言,试验准备工作要占全部试验工作的大部分时间,工作量也最重。试验准备工作的好坏直接影响到试验能否顺利进行和能获得试验结果的多少。有时由于准备工作上的疏忽大意会使试验只得到很少的结果,因此切勿低估准备工作阶段的复杂性和重要性。试验准备阶段的主要工作有:

(1)试件的制作。试验研究者应亲自参加试件制作,以便掌握有关试件质量的第一手资料。试件尺寸要保证足够的精度。在制作试件时还应注意材性试样的留取,试样必须能真正代表试验结构的材性。材性试件必须按试验大纲上规划的试件编号进行编号,以免不同组别的试件混淆。在制作试件过程中应作施工记录日志,注明试件日期、原材料情况,这些原始资料都是最后分析试验结果不可缺少的参考资料。

(2)试件质量检查。包括试件尺寸和缺陷的检查,应作详细记录,纳入原始资料。

(3)试件安装就位。试件的支承条件应力求与计算简图一致。一切支承零件均应进行强度验算并使其安全储备大于试验结构可能有的最大安全储备。

(4)安装加载设备。加载设备的安装应满足"既稳又准找方便,有强有刚求安全"的要求,即就位要稳固准确方便,固定设备的支撑系统要有一定的强度、刚度和安全度。

(5)仪器仪表的率定。对测力计及一切量测仪表均应按技术规定要求进行率定,各仪器仪表的率定记录应纳入试验原始记录中,误差超过规定标准的仪表不得使用。

(6)作辅助试验。辅助试验多半在加载试验阶段之前进行,以取得试件材料的实际强度,便于对加载设备和仪器仪表的量程等作进一步的验算。但对一些试验周期较长的大型试验或试件组别很多的系统试验,为使材性试件和试验结构的龄期尽可能一致,辅助试验也常常和正式试验同时穿插进行。

(7)仪表安装、连线试调。仪表的安装位置、测点号,在应变仪或记录仪上的通道号等都应严格按照试验大纲中的仪表布置图实施,如有变动,应立即做好记录,以免时间长久后回忆不清而将测点混淆。这会使结果分析十分困难,甚至最后只好放弃这些混淆的测点数据,造成不可挽回的损失。

(8)记录表格的设计准备。在试验前应根据试验要求设计记录表格,其内容及规格应周到详细地反映试件和试验条件的详细情况,以及需要记录和量测的内容。记录表格的设计反映试验组织者的技术水平,切勿养成试验前无准备地在现场临时用白纸记录的习惯。记录表格上应有试验人员的签名并附有试验日期、时间、地点和气候条件。

(9)算出各加载阶段试验结构各特征部位的内力及变形值以备在试验时判断及控制。

(10)在准备工作阶段和试验阶段应每天记工作日志。

7.3.3 实施阶段

(1)获取数据。加载试验或捕捉信息都是获取数据的过程,是整个试验或检测过程的中心环节,应按规定的加载顺序和检测顺序进行。重要的量测数据应在试验过程中随时整理分析并与事先估算的数值比较,发现有反常情况时应查明原因或故障,把问题弄清楚后才能继续加载。

在试验过程中,结构所反映的外观变化是分析结构性能的极为宝贵的资料,对节点的松动与异常变形,钢筋混凝土结构裂缝的出现和发展,特别是结构的破坏情况都应作详尽的记录及描述。这些容易被初作试验者忽略,而把主要注意力集中在仪表读数或记录曲线上,因此应分配专人负责观察结构的外观变化。

试件破坏后要拍照和测绘破坏部位及裂缝简图,必要时,可从试件上切取部分材料测定力学性能,破坏试件在试验结果分析整理完成之前不要过早毁弃,以备进一步核查。

(2)资料整理。试验或检测资料的整理是将所有的原始资料整理完善,其中特别要注意的是试验量测数据记录和记录曲线,都作为原始数据经负责记录人员签名后,不得随便涂改。经过处理后得到的数据不能和原始数据列在同一表格内。

一个严格认真的科学试验,应有一份详尽的原始数据记录,连同试验过程中的观察记录,试验大纲及试验过程中各阶段的工作日志,作为原始资料,在有关的试验室内存档。

7.3.4 总结阶段

试验总结阶段的工作内容包括以下几个方面的内容:

(1)试验数据处理。从各个仪表获得和量测的数据和记录曲线一般不能直接解答试验任务所提出的问题,它们只是试验的原始数据,需对原始数据进行科学的运算处理才能得出试验结果。

(2)试验结果分析。试验结果分析的内容是分析通过试验得出了哪些规律性的东西,揭示了哪些物理现象。最后,应对试验得出的规律和一些重要的现象做出解释,分析它们的影响因素,将试验结果和理论值进行比较,分析产生差异的原因,并做出结论,写出试验总结报告。总结报告中应提出试验中发现的新问题及进一步的研究计划。

(3)完成试验报告。(略)

思考题

1. 试述试验方案设计的重要性。
2. PPIS 的设计内容有哪些?
3. PPIS 的特点是什么?

8 创建相似型经验公式

导读

把问题能够描述清楚是有规律可循的,解决一个问题更需要一定的方法和步骤。创建经验公式的表达方法有两种:
(1)教材叙述方式;
(2)论文叙述方式。

8.1 用教材方式表达

8.1.1 前言

经验公式往往形式简单、功效显著,尤以数理统计理论为基础建立的经验公式见长,这里不赘述。这里要描述的是以相似理论为基础建立的经验公式,又叫相似型经验公式。下面就以举例的方法说说相似型经验公式的建立原理。

8.1.2 问题

为柴油机活塞顶部燃烧室的容积 V 建立一个相似型经验公式。

8.1.3 步骤

(1)确定单值条件。

在图 8.1 中所描述的现象中,有 5 个变量,其中与燃烧室的容积 V 无关的有 1 个 θ,有关的有 4 个,故,影响该现象的单值条件共有 5 个,即

$$V=f(r,a,b,\alpha) \tag{8.1}$$

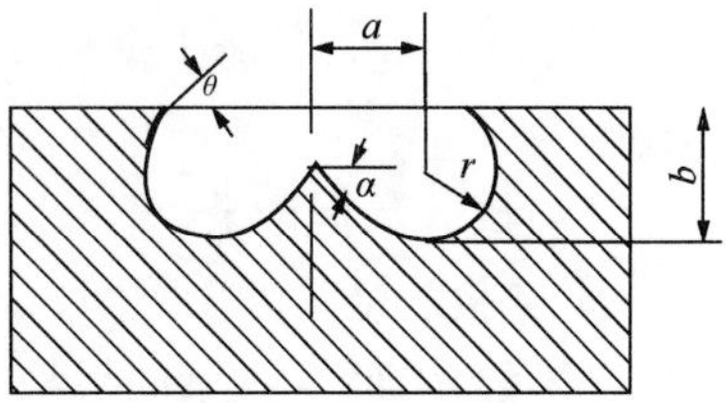

图 8.1 柴油机活塞顶部燃烧室设计参数空间关系示意

各个物理量的量纲为 $V=[L^3]$,$r=[L]$,$a=[L]$,$b=[L]$,$\alpha=[L^0]$。

(2)确定相似准则的数量。

通过前面的分析,现象中只有 1 个基本量纲,即 $[L]$,故相似准则的数量为:

$$S=n-k=5-1=4(项) \tag{8.2}$$

(3)确定基础物理量。

因为基本量纲的种类数只有 1 个,所以,基础物理量也只能有 1 个,根据基础物理量的条件,就以 a 为基础物理量。又因为 α 是无量纲的单值条件,所以可以独立组成一个无量纲组合。那么在写量纲矩阵时,函数物理量只剩 3 个,即

$$\left.\begin{array}{r}V\\r\\b\end{array}\right\}=a \tag{8.3}$$

(4)确定相似准则。

应用量纲分析方法写出量纲矩阵,则相似准则为:

$$\pi_1=\frac{V}{a^3},\quad \pi_2=\frac{b}{a},\quad \pi_3=\frac{r}{a},\quad \pi_4=\alpha \tag{8.4}$$

至此,相似模型设计完成。

(5)从工程需要出发来确定影响燃烧室容积 V 的其他参数的取值范围。

为了分析方便,先 $a=1$,此时式(8.4)则简化为:

$$\pi_1=V, \pi_2=b, \pi_3=r, \pi_4=\alpha \tag{8.5}$$

在 π_2 中,$b=0.5900, 0.6000, 0.6100, 0.6200, 0.6300, 0.6400, 0.6500, 0.6600$;

在 π_3 中,$r=0.3750, 0.4375, 0.5000$;

在 π_4 中,$\alpha=19°, 20°, 21°, 22°, 23°, 24°, 25°, 26°, 27°, 28°$。

(6)选择基准量。

根据表4.2的技术要求进行试验内容的设计,然后按照试验的难易程度和尽量不取数值中两个端点的原则来确定试验的基准量(辅助量确定过程同)。

在 π_2 中,$\bar{\pi}_2=0.6000$;

在 π_3 中,$\bar{\pi}_3=0.3750$;

在 π_4 中,$\bar{\pi}_4=22°$。

(7)选择辅助量。

在 π_2 中,$\bar{\bar{\pi}}_2=0.6500$;

在 π_3 中,$\bar{\bar{\pi}}_3=0.5000$;

从理论上讲,只需1个辅助的变量就可以了,为了再次校核,本次设计中选择了2个辅助量。

(8)试验数据记录。

本试验的记录为在不同 b、r、α 值下燃烧室容积 V 的值。

(9)绘制曲线、观察曲线特征、判断曲线性质。

通过观察发现曲线特征,发现 b、r、α 值三类值对燃烧室容积 V 的影响均具有幂函数曲线的特征。故,将组分方程对数化后,分部计算结果见表8.1~表8.3。

试 验 数 据 整 理 1   表8.1

$\pi_2=b$	$\lg(\pi_2)$	在 $\bar{\pi}_3, \bar{\pi}_4$ 时		在 $\bar{\bar{\pi}}_3, \bar{\pi}_4$ 时	
		$(\pi_{\frac{1}{2}})_{\bar{3},\bar{4}}$	$\lg(\pi_{\frac{1}{2}})_{\bar{3},\bar{4}}$	$(\pi_{\frac{1}{2}})_{\bar{\bar{3}},\bar{4}}$	$\lg(\pi_{\frac{1}{2}})_{\bar{\bar{3}},\bar{4}}$
0.5900	-0.2291	2.8788	0.4592	3.3810	0.5290
0.6000	-0.2228	2.9322	0.4672	3.4509	0.5379
0.6500	-0.1870	3.1897	0.5037	3.7967	0.5794

试 验 数 据 整 理 2　　　　　　　　　　　　　　　　表8.2

$\pi_2 = b$	$\lg(\pi_2)$	在$\overline{\pi}_2$、$\overline{\pi}_4$时		在$\overline{\overline{\pi}}_2$、$\overline{\pi}_4$时	
		$(\pi_{\frac{1}{3}})_{\overline{2},\overline{4}}$	$\lg(\pi_{\frac{1}{3}})_{\overline{2},\overline{4}}$	$(\pi_{\frac{1}{3}})_{\overline{\overline{2}},\overline{4}}$	$\lg(\pi_{\frac{1}{3}})_{\overline{\overline{2}},\overline{4}}$
0.3750	-0.4260	<u>2.9322</u>	0.4672	3.1891	0.5037
0.5000	-0.3010	<u>3.4509</u>	0.5379	3.7967	0.5794

试 验 数 据 整 理 3　　　　　　　　　　　　　　　　表8.3

$\pi_2 = b$	$\lg(\pi_2)$	在$\overline{\pi}_2$、$\overline{\pi}_3$时		在$\overline{\overline{\pi}}_3$、$\overline{\pi}_2$时	
		$(\pi_{\frac{1}{4}})_{2,\overline{3}}$	$\lg(\pi_{\frac{1}{4}})_{2,\overline{3}}$	$(\pi_{\frac{1}{4}})_{\overline{\overline{3}},\overline{2}}$	$\lg(\pi_{\frac{1}{4}})_{\overline{\overline{3}},\overline{2}}$
19	1.2788	2.974	0.4733	3.4879	0.5426
22	1.3424	<u>2.9322</u>	0.4672	<u>3.4509</u>	0.5379
27	1.4314	2.8634	0.4569	3.3906	0.5303

(10) 求回归方程。

根据对数化的试验数据绘制曲线(其示意图见图 8.2),进行线性回归,判断线性相关的密切程度。线性相关的密切的程度,直接反映经验公式的精确程度。

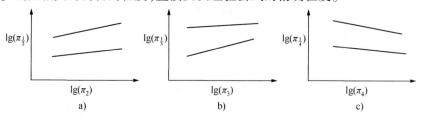

图 8.2　组分方程线性示意图

(11) 求组分方程系数,建立组分方程。

应用初等代数知识求得线性方程中的斜率与截距,根据线性方程与原曲线之间的对应关系,求得曲线自变量的系数。即

先建立 $y = mx + b$,通过 $a = \lg^{-1} b$,即得 $\pi_1 = a\pi_{i+1}^m$。

本例中有 6 个组分方程,依次为:

$$\left.\begin{array}{l}(\pi_{\frac{1}{2}})_{\overline{3},\overline{4}} = 5.0536(\pi_2)^{1.0680} \\ (\pi_{\frac{1}{2}})_{\overline{\overline{3}},\overline{4}} = 6.4714(\pi_2)^{1.2310}\end{array}\right\} \quad (8.6)$$

$$\left.\begin{array}{l}(\pi_{\frac{1}{3}})_{\overline{2},\overline{4}} = 5.1098(\pi_3)^{0.5680} \\ (\pi_{\frac{1}{3}})_{\overline{\overline{2}},\overline{4}} = 5.5744(\pi_3)^{0.6000}\end{array}\right\} \quad (8.7)$$

$$\left.\begin{array}{l}(\pi_{\frac{1}{4}})_{\overline{3},\overline{2}} = 4.0328(\pi_4)^{-0.1034} \\ (\pi_{\frac{1}{4}})_{\overline{\overline{3}},\overline{2}} = 4.4957(\pi_4)^{-0.0857}\end{array}\right\} \quad (8.8)$$

(12) 应用判别式检查函数形式。

在选择判别式时,存在先选和差关系还是先选乘积关系的问题,根据描述物理现象用乘积关系多于和差关系的特点,不妨先选乘积关系的判别式。

根据判别式的特点,可以选择 $(\pi_{\frac{1}{2}})_{\overline{3},\overline{4}}$ 和 $(\pi_{\frac{1}{2}})_{\overline{\overline{3}},\overline{4}}$ 两项,即

$$\frac{(\pi_{\frac{1}{2}})_{\overline{3},\overline{4}}}{f(\overline{\pi}_2,\overline{\pi}_3,\overline{\pi}_4)} \doteq \frac{(\pi_{\frac{1}{2}})_{\overline{\overline{3}},\overline{4}}}{f(\overline{\pi}_2,\overline{\overline{\pi}}_3,\overline{\pi}_4)} \tag{8.9}$$

对于式(8.9),把 $f(\overline{\pi}_2,\overline{\pi}_3,\overline{\pi}_4)=2.9322$ 和 $f(\overline{\pi}_2,\overline{\overline{\pi}}_3,\overline{\pi}_4)=3.4509$ 代入,得:

$$\frac{5.0536(\pi_2)^{1.0680}}{2.9322} \doteq \frac{6.4714(\pi_2)^{1.2310}}{3.4509} \tag{8.10}$$

把试验所用的 π_2 的值依次代入式(8.10)可得表8.4的比较结果。

判别式计算结果　　　　　　　　　　　　表8.4

π_2	0.59	0.60	0.61	0.62	0.63	0.64	0.65	0.66
左端	0.9807	0.9984	1.0162	1.0340	1.0519	1.0697	1.0876	1.1054
右端	0.9795	0.9999	1.0205	1.0411	1.0618	1.0826	1.1035	1.1244
误差(%)	-0.2	0.1	0.4	0.7	0.9	1.2	1.5	1.7

误差值在-0.2%~1.7%之间,说明相似准则之间的乘积关系比较理想。若 π_2 值超过试验范围,当 $\pi_2=0.55$ 时,判别式误差为-1.3%,或当 $\pi_2=0.70$ 时,判别式误差为2.7%。判别式的误差沿着由负到正几乎呈线性趋势沿两端延伸。

为了进一步证实检查结果的可靠性,再选择 $(\pi_{\frac{1}{3}})_{\overline{2},\overline{4}}$ 和 $(\pi_{\frac{1}{3}})_{\overline{\overline{2}},\overline{4}}$ 两项继续检查:

$$\frac{(\pi_{\frac{1}{3}})_{\overline{2},\overline{4}}}{f(\overline{\pi}_2,\overline{\pi}_3,\overline{\pi}_4)} \doteq \frac{(\pi_{\frac{1}{3}})_{\overline{\overline{2}},\overline{4}}}{f(\overline{\overline{\pi}}_2,\overline{\pi}_3,\overline{\pi}_4)} \tag{8.11}$$

对于式(8.11),将 $f(\overline{\pi}_2,\overline{\pi}_3,\overline{\pi}_4)=2.9322$ 和 $f(\overline{\overline{\pi}}_2,\overline{\pi}_3,\overline{\pi}_4)=0.4375$ 代入,得:

$$\frac{5.1098(\pi_3)^{0.5680}}{2.9322} \doteq \frac{5.7544(\pi_3)^{0.6000}}{3.1891} \tag{8.12}$$

把试验所用的 π_3 的值依次代入式(8.12)代入可得表8.5的比较结果。

判别式计算结果　　　　　　　　　　　　表8.5

π_3	0.3750	0.7375	0.5000
左端	0.9983	1.0896	1.1755
右端	1.0017	1.0988	1.1905
误差(%)	0.3	0.8	1.3

误差值在0.3%~1.3%之间,说明相似准则之间的乘积关系比较理想。若 π_3 值超过试验范围,当 $\pi_3=0.275$ 时,判别式误差为-0.7%,或当 $\pi_3=0.60$ 时,判别式误差为1.8%。

通过判别式的两次比较,发现结果很相似,即沿着试验值两端向外延伸,其误差也随之增大。

(13)建立相似准则关系式。

$$\begin{aligned}
\pi_1 &= \frac{(\pi_{\frac{1}{2}})_{\overline{3},\overline{4}}(\pi_{\frac{1}{3}})_{\overline{2},\overline{4}}(\pi_{\frac{1}{4}})_{\overline{2},\overline{3}}}{f(\overline{\pi}_2,\overline{\pi}_3,\overline{\pi}_4)^2} \\
&= \frac{5.0536\pi_2^{1.0680} \cdot 5.1098\pi_3^{0.5680} \cdot 4.0328\pi_4^{-0.1034}}{2.9322^2} \\
&= 12.1122\pi_2^{1.0680} \cdot 5.1098\pi_3^{0.5680} \cdot 4.0328\pi_4^{-0.1034}
\end{aligned} \tag{8.13}$$

根据试验内容的已知条件,也可以建立另外一组的关系式,即

$$\pi_1 = \frac{(\pi_{\frac{1}{2}})_{\overline{3},\overline{4}}(\pi_{\frac{1}{3}})_{2,\overline{4}}(\pi_{\frac{1}{4}})_{2,\overline{3}}}{f(\overline{\pi}_2, \overline{\overline{\pi}}_3, \overline{\pi}_4)^2}$$

$$= \frac{6.4714\pi_2^{1.2310} 5.1098\pi_3^{0.5680} 4.4957\pi_4^{-0.0857}}{3.4509^2}$$

$$= 12.4778\pi_2^{1.2310} 5.1098\pi_3^{0.5680} 4.0328\pi_4^{-0.0857} \tag{8.14}$$

式(8.13)和式(8.14)所描述的这两条曲线,其性质相同,预测与结果一致,即在工程应用的区间是近似重合的,所预测的结果都能够满足工程需要。

(14)建立预测方程(相似型经验公式)。

$$V = 12.1122 \frac{a^{1.3640} b^{1.0680} r^{0.5860}}{\alpha^{0.1034}} \tag{8.15}$$

或

$$V = 12.4778 \frac{a^{1.2010} b^{1.2310} r^{0.5680}}{\alpha^{0.0857}} \tag{8.16}$$

除了式(8.15)和式(8.16)而外,还会有其他的预测公式,鉴于工程实际和试验成本,就没有必要继续建立更多的雷同表达式了。

式(8.15)和式(8.16)两个表达式的预测结果与燃烧室的容积 V 数学精确表达式的计算结果对照,若单值条件的取值范围在试验取值的范围内,其误差在1.0%以内;反之,其误差较大。比如,当 $b = 0.4000$,$\alpha = 30°$时,误差约等于8.8%。因此,在试验取值的范围内,相似型经验公式是可以信赖的。

8.2 用论文方式表达

现在以题目为"雀替木结构受弯构件相似模型设计与试验研究"的论文为例,再次叙述相似经验公式建立的方法与步骤。为了减少大小题目的级数,保持论文原貌,兼做论文格式的范例(即能够为第9章"试验类期刊论文写作格式"服务),内容叙述就以附录的方式出现。

思考题

1.理解经验公式的建立过程。

2.读懂例题和附录《雀替木结构受弯构件相似模型设计与试验研究》,把附录中完整的试验记录值推算出来。

9 试验类期刊论文写作格式

导读

写论文并不神秘,就是按照一定的格式用通俗易懂的语言,把作者的感知以摆事实讲道理的方式描述出来而已。

9.0 概述

任何事物都具有自身特定的活动规律和表现形式,写文章也不例外,比如,人们所熟悉的"通知"的写作,其内容必须由标题、被通知对象、通知内容、通知发布单位和日期等五个部分组成。这五项内容不但不能缺少其中任意一项,而且要严格按照上述顺序依次完成。这就是"通知"写作所具有的规律性。科技论文的写作也是如此,下面就工程试验研究类科技期刊学术论文的写作格式作一介绍。

9.1 试验研究的特点

9.1.1 试验研究的含义

试验是指为了察看某事物的结果或事物的性能或事物的变化规律而从事的专门活动。试验有生产性试验和研究性试验之分。通常把为了检验某产品工作性能是否合格而进行的试验叫生产性试验,或鉴定性试验;把为了专门解决某种悬而未决的难题进行的试验叫作研究性试验。研究性试验又分为验证型试验和探索型试验。验证型试验的特点在于其试验对象的变化规律已知,试验的目的在于证实试验对象规律的存在或核查理论与实际的吻合程度;探索型试验则不同,对试验对象在试验过程中的变化规律没有确定性的理论指导、缺乏规律性认识,试验的目的在于先揭示现象,再分析规律。

9.1.2 试验研究的共性

尽管各类试验的目的有所不同,但由于实现试验目的的途径有相同之处,所以各类试验研究拥有下列共性:

(1)离不开试验研究三要素,即试验对象、试验设备和试验技术。

(2)试验结果作为科学研究工作中试验环节的产品,是科学研究的重要依据,其表示方式有文字、数表、图片和曲线等四种形式。

9.2 论文的组成及其功能

一篇完整的科技期刊学术论文一般有题目、署名、提要、关键词、分类代号、主体、致谢、参考文献等八个部分组成。有些科技期刊对学术论文的组成不作严格要求。

(1)论文题目就是文章的主题或命题,是对正文内容的高度概括,是文章的命脉。要求既朴实又有新意,有一定的研究高度,一般在二十字以内为好。

(2)文章署名是文责自负和拥有版权的标志,其内容有作者姓名、工作单位、所在城市及其邮政编码等内容。

(3)提要又叫摘要,是论文主体的中心思想,主要回答论文研究和探讨了哪些问题,有何意义、作用或目的。要求语言精练,采用第三人称,一般在四百字以内,以二百字左右为佳。

(4)关键词是对论文主体起控制作用的坐标点,是反映论文主体核心内容的术语。若把关键词串起来,一般能够回答什么事物通过什么途径(或方法)能解决什么问题(或达到什么效果)。论文题目中常有二至三个或更多关键词。

(5)分类代号是论文分门别类的国际通用代码,各期刊编辑部及出版单位有相应手册。

(6)主体是论文躯体的主干部分(详见9.3)。

(7)致谢是作者对帮助或指导过试验研究的个人或集体表示的谢意。

(8)参考文献是论文所参考过的主要文献的目录表,是论文的论据之一,它表明论文的时代性和学术水平的前沿性。参考文献的书写格式分期刊、书籍、论文集等,形式有所不同,目前已趋于规范化。

9.3 主体的组成及其功能

论文的主体分为引言、正文和结论三部分。

9.3.1 引言部分

(1)主要功能。阐述立题的必要性和迫切性。

(2)标题形式。用"引言、前言、前导、导言、导论、引论、引语、导语、问题的提出、问题的引出"等,有些期刊对这部分内容要求不带标题。

(3)主要内容。题目的来源,立题的原因、目的,试验研究的作用和意义,研究方法和预期效果等。要求开门见山,言简意赅。

引言内容是为引言的主要功能服务的,要反映的核心内容是"题目"的必要性和迫切性,若所组织的引言内容能给读者留下"该文值得一读"的效果则为最佳。

9.3.2 正文部分

正文是论文的核心(详见9.4)。

9.3.3 结论部分

(1)主要功能。总结和结束全文。

(2)标题形式。用"结论、小结、总结、结尾、结束语、结语、尾语、几点建议、几点注意的问题、试验研究小结、试验结论"等。有的文章边叙述边总结,不采用全文集中总结的方式,而以建议、意见或体会的方式来结束文章。

(3)主要内容。与引言内容相呼应,写试验研究所得到的收获或对后续工作有益的内容,即阐述文章正反两个方面的结果。

9.4 正文的组成及其功能

论文主体的正文部分由试验概况、试验结果、结果分析三部分组成。

9.4.1 试验概况

(1)主要功能。阐述试验的组织过程、证明试验手段可靠、说明试验结果有效,即整个试验能够为主题服务。

(2)标题形式。用"试验概况、试验概述、试验简介、试验介绍、试验过程、试验方法、试验组织、试验条件"等。

(3)主要内容。试验概况的主要内容有:

①试验材料。介绍材料的名称、规格及其与试验有关的基本性能。

②试件制作。介绍试件的设计、制作、编号以及注意事项。

③试验方法。介绍试验工艺要求、加荷程序和方法。

④试验装置。介绍试验设备、仪器仪表的作用及其与试验对象的空间关系。一般要与试验装置示意图相配合。

⑤试验技术。介绍试验测试方案,即测点布置的特点和所用仪器仪表的名称、规格,可与试验装置内容结合或对测点编号后列表表示,则一目了然。

这五点内容可以视文章内容特点进行不同程度离合增减的应用。

9.4.2 试验结果

(1)主要功能。试验结果是试验过程中试验对象各观测点发生的一系列变化的记录,其功能在于充分地揭示主题所要揭示的现象,或充分地表现主题所要表现的规律。

(2)标题形式。用"试验结果、试验成果、试验数据、试验记录"等。

(3)主要内容。摘录对主题具有控制作用的试验结果(即能够为主题服务、经过整理的试验记录)。内容组织的基本原则是:语言精练、短小精悍、服务主题、论证有力。

(4)表现方式。图片、表格、曲线和文字。

(5)叙述手法。边叙边议,叙试验结果,议试验所揭示的现象或试验所表现规律的特点、作用和意义,充分地证明主题成立。

9.4.3 结果分析

(1)主要功能。寻求所揭示现象或所表现规律的理由和依据。

(2)标题形式。用"结果(或成果)分析(或讨论)、数据(或数值)分析(或讨论)、试验分析(或讨论)"等。对试验内容较少的文章,常把"试验结果"和"结果分析"合二为一,以"试验结果及分析、试验结果及讨论"的标题形式出现。

(3)主要内容。对于以揭示事物现象的论文,首先分析所揭示现象产生的原因和产生原因的根据;其次寻求相应的对策,以达到揭示现象的目的。对于以寻求事物发展规律的论文,首先分析影响规律的因素,其次寻求解决问题的方法,以达到寻求规律的目的。对于需要进行理论计算的论文,则应先陈述理论依据,然后进行理论与实测对比,再分析产生误差的主要原因、分析相应量的影响因素,以达到立题的目的。

9.5 小结

综上所述,一般地,一篇工程试验研究类的科技期刊学术论文的结构组成如图9.1所示:

图9.1 科技期刊学术论文的结构组成关系示意图

世上没有一成不变的事物。科技期刊学术论文的写作,应在图9.1的基础上针对论文主题的特点可变可调,可增可减,可分可合,灵活应用。若把科技期刊学术论文的表达格式视为一成不变的教条,则非笔者初衷。

致谢杜永峰教授的热情帮助!

附录 雀替木结构受弯构件相似模型设计与试验研究

作者姓名等信息(略)

提要 雀替在中国古建筑中有广泛的应用,为了证明雀替对木结构受弯构件的特殊作用,应用相似原理设计了雀替木结构受弯构件的相似模型,通过试验研究建立了雀替木结构受弯构件强度以及挠度的相似型经验公式,对雀替木结构受弯构件的设计计算提供了依据。

关键词 木结构;雀替结构;相似模型;经验公式;试验

F0 引言

木结构在我国古建筑中应用较多,如,阿房宫(已毁)、圆明园(已毁)以及山西应县木塔(幸存)等都是典型的木结构建筑艺术品。木结构中的雀替构件不仅是建筑结构的装饰品,而且是能够把瓜柱传给木结构受弯构件上的集中荷载进行重新分配的受力构件(见图 F1 和图 F2),能够显著地改善木结构受弯构件的受力性能。所以,雀替在木结构中能够得到广泛的应用,如在大梁—雀替—瓜柱—雀替—顺水的结构体系中,雀替是一重要的受力构件。雀替梁作为代替明柱受力体系的结构形式,在我国民间建筑设计中仍有普遍应用[1*]。

雀替梁的设计参量主要有结构跨中截面的应力和结构跨中挠度两项内容。目前,这两项设计参量的计算方法还没较准确的理论模型。按《结构静力计算手册》的计算理论进行计算的理论结果与试验结果存在显著的差异,并且这种差异的分布趋向没有合适的理论解答[2,3*]。所以,笔者把雀替梁作为研究对象组织其相似模型试验研究,就雀替梁跨中截面应力以及结构跨中挠度两个设计参量的影响因素建立对应的相似型经验公式,希望能够为同类构件的设计服务。

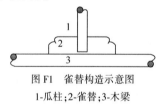

图 F1 雀替构造示意图
1-瓜柱;2-雀替;3-木梁

图 F2 试验装置示意图
1-木梁;2-雀替;3-百分表;4-应变片

F1 试验模型设计[4,5*]

F1.1 截面应力的相似模型设计

影响雀替梁跨中截面应力的主要因素有木梁与雀替的抵抗矩之和,雀替的长度,木梁的

注:* 表示原参考文献序号。

长度以及作用在跨中的集中力等。它们的量纲依次为：

$$\sigma_w = [FL^{-2}]、W_1+W_2 = [L^3]、c = [L]、l = [L]、P = [F]。$$

能够描述该问题的数学函数应为：

$$\sigma_w = f(W_1+W_2, c, l, P) \tag{F1}$$

式中：σ_w——雀替梁跨中截面应力；

W_1+W_2——木梁与雀替的抵抗矩之和；

c——雀替的长度；

l——木梁的长度；

P——作用在木梁跨中的集中力。

雀替梁跨中截面应力的主要物理量有 $n=5$ 个，基本量纲为 $k=2$。所以无量纲组合 $\pi_i(i=1,2,\cdots)$ 的数（即相似准则的数）为 $5-2=3$（个），求解量纲矩阵方程得：

$$\pi_1 = \frac{c^2 \sigma_w}{P}, \quad \pi_2 = \frac{l^3}{W_1+W_2}, \quad \pi_3 = \frac{l}{c} \tag{F2}$$

式中：$\pi_i(i=1,2,\cdots)$——无量纲组合（即相似准则）。

F1.2 结构挠度的相似模型设计

影响雀替梁跨中挠度的主要因素有木梁与雀替的抗弯刚度之和，雀替的长度，木梁的长度以及作用在跨中的集中力等。它们的量纲依次为：

$$\omega_{max} = [L], EI_1+EI_2 = [FL^2], c = [L], l = [L], P = [F]$$

能够描述该问题的数学函数应为：

$$\omega_{max} = f'(EI_1+EI_2, c, l, P) \tag{F3}$$

式中：ω_{max}——雀替梁跨中挠度；

EI_1+EI_2——木梁与雀替的抗弯刚度之和。

截面应力问题的主要物理量有 $n=5$ 个，基本量纲为 $k=2$。所以无量纲组合 $\pi'_i(i=1,2,\cdots)$ 的数为 $5-2=3$（个）：

$$\pi'_1 = \frac{\omega_{max}}{l}, \quad \pi'_2 = \frac{Pl^2}{EI_1+EI_2}, \quad \pi'_3 = \frac{l}{c} \tag{F4}$$

式中：$\pi'_i(i=1,2,\cdots)$——无量纲组合（即相似准则）。

将式（F2）、式（F4）一起考虑进行试验设计，即有如下的相似指数：

$$\frac{C_l^2 C_\sigma}{C_p} = 1, \quad \frac{C_l^3}{C_W} = 1, \quad \frac{C_\omega}{C_l} = 1, \quad \frac{C_P C_l^2}{C_{EI}} = 1, \quad \frac{C_l}{C_c} = 1 \tag{F5}$$

式中：C——相似指数，某物理量原型值与模型值之。

根据试验条件，取 $C_l = 0.1$，$C_\sigma = 1$，则有 $C_c = 0.1$，$C_\omega = 0.1$，$C_W = 0.1^3$，$C_{EI} = 0.1^4$，$C_P = 0.1^2$。

F2 试验组织

F2.1 试验参数及其取值

选用无疵均质两种松木（$E = 9150N/mm^2$）为试验材料，为了试验分析方便，木梁的几何

尺寸 $l=720mm$、$h_1=40mm$、$b_1=30mm$ 不变；雀替宽度 $b_2=30mm$ 不变，其他变量的设计结果依次为：

$c=\frac{l}{8},\frac{l}{7},\frac{l}{6},\frac{l}{5},\frac{l}{4},\frac{l}{3}$，即 $c=90mm,103mm,120mm,144mm,180mm,240mm$ 等，高 h_2 分别为 40mm 和 20mm2 组；$h_2=\frac{3h}{8},\frac{4h}{8},\frac{5h}{8},\frac{6h}{8},\frac{7h}{8},h$，即 $h_2=15mm,20mm,25mm,30mm,35mm,40mm$ 等，长 c 分别为 144mm 和 90mm2 组；$P=250N,500N,750N,1000N,1250N$ 等 5 级。

F2.2 自变 π 项初始值

在式（F2）中 σ 和在（F4）式中 ω 为因变量，所以 π_1 以及 π_1' 为因变项，其他项为自变项，其中：

π_2 为 40904，37325，33550，29860，26425，23328。
π_2' 为 0.336，0.315，0.285，0.249，0.212，0.177。
π_3 与 π_3' 项相同，依次为 3，4，5，6，7，8。

F2.3 自变 π 项基准值与辅助值

π_2 与 π_2' 的基准值分别取 2 个，即 $h=40mm$ 和 20mm；π_3 与 π_3' 的基准值也分别取 2 个，即 $c=144mm$ 和 90mm。其计算结果依次为：

$\overline{\pi}_2=23328,\overline{\overline{\pi}}_2=37325,\overline{\pi}_2'=0.177,\overline{\overline{\pi}}_2'=0.315,\overline{\pi}_3=\overline{\pi}_3'=5;\overline{\overline{\pi}}_3=\overline{\overline{\pi}}_3'=8$。

F2.4 试验方法及其程序

为了满足荷载恒重、读数相对稳定的要求，试验使用杠杆加载，加荷等级 250N，持荷时间 5min。采用 DJY-2 应变仪测量应变，百分表测量挠度。试验装置见图 F2。试验程序见下表 F1。其中，$(\pi_{1/2})_{\overline{3}}$ 表示当 $c=144mm$ 而 h 发生变化时 π_1 的相应变化量，$(\pi_{1/3})_{\overline{2}}$ 表示当 $h=40mm$ 而 c 发生变化时 π_1 的相应变化量，$(\pi_{1/2})_{\overline{\overline{3}}}$ 表示当 $c=90mm$ 而 h 发生变化时 π_1 的相应变化量，$(\pi_{1/3})_{\overline{\overline{2}}}$ 表示当 $h=20mm$ 而 c 发生变化时 π_1 的相应变化量。

相似模型试验程序　　表 F1

木结构受弯构件的截面应力问题				木结构受弯构件的跨中挠度问题			
试验内容	试验条件			试验内容	试验条件		
	变化的	基准的	辅助的		变化的	基准的	辅助的
最初阶段	$(\pi_{1/2})_{\overline{3}}$ $(\pi_{1/3})_{\overline{2}}$	π_2 π_3	π_3 π_2		最初阶段	$(\pi_{1/2}')_{\overline{3}}$ $(\pi_{1/3}')_{\overline{2}}$	π_2' π_3'	π_3' π_2'
第二阶段	$(\pi_{1/2})_{\overline{\overline{3}}}$	π_2		π_3	第二阶段	$(\pi_{1/2}')_{\overline{\overline{3}}}$	π_2'	π_3'
最后阶段	$(\pi_{1/3})_{\overline{\overline{2}}}$	π_3		π_2	最后阶段	$(\pi_{1/3}')_{\overline{\overline{2}}}$	π_3'	π_2'

F3 结果分析[4*]

F3.1 试验结果

π_1 和 π'_1 试验结果见表 F2 所示。

试验结果一览表　　　　　　　　表 F2

\multicolumn{4}{c	}{π_2 变化时}	\multicolumn{7}{c}{π_3 变化时}
h	π_2	$(\pi_{1/2})_{\overline{3}}$	$(\pi_{1/2})_{\overline{\overline{3}}}$	c	π_3	$(\pi_{1/3})_{\overline{2}}$	$(\pi_{1/3})_{\overline{\overline{2}}}$	$\lg\pi_3$	$\lg(\pi_{1/3})_{\overline{2}}$	$\lg(\pi_{1/3})_{\overline{\overline{2}}}$
40	23328	258.0	109.7	240	3	569.2	833.7	0.477	2.755	2.921
35	26425	263.4	110.3	180	4	362.6	433.5	0.602	2.565	2.637
30	29860	268.7	110.9	144	5	258.0	279.3	0.699	2.412	2.466
25	33550	274.0	111.5	120	6	189.7	195.0	0.778	2.278	2.290
20	37325	279.3	112.1	102	7	132.4	144.5	0.845	2.138	2.160
15	40904	284.6	112.7	90	8	109.7	112.1	0.903	2.040	2.050
\multicolumn{4}{c	}{π'_2 变化时}	\multicolumn{7}{c}{π'_3 变化时}
h	π'_2	$(\pi'_{1/2})_{\overline{3}}$	$(\pi'_{1/2})_{\overline{\overline{3}}}$	c	π'_3	$(\pi'_{1/3})_{\overline{2}}$	$(\pi'_{1/3})_{\overline{\overline{2}}}$	$\lg\pi'_3$	$\lg(\pi'_{1/3})_{\overline{2}}$	$\lg(\pi'_{1/3})_{\overline{\overline{2}}}$
40	0.177	3.844	4.333	240	3	3.178	3.216	0.477	−2.498	−2.493
35	0.212	3.878	4.344	180	4	3.533	3.520	0.602	−2.452	−2.453
30	0.249	3.911	4.356	144	5	3.844	3.978	0.699	−2.415	−2.423
25	0.285	3.944	4.367	120	6	4.111	3.997	0.778	−2.386	−2.398
20	0.315	3.978	4.378	102	7	4.193	4.196	0.845	−2.378	−2.377
15	0.336	4.011	4.389	90	8	4.333	4.378	0.903	−2.363	−2.359

注：1. 表 F2 中下半部第 3、4 两列的数值省略了(×10⁻³)。
　　2. 表 F2 中用特殊符号标注的数据两两相同，表示试验交叉点上函数项的试验值。

F3.2 组分方程

将所得到的各 π 项的试验结果其函数关系的线性图像的形式表示出来，如图 F3 a)~图 F3 d)所示。

各 π 函数的单项方程依次为：

$$\pi_{1/2,\overline{3}} = 0.00152\pi_2 + 222.5 \tag{F6.1}$$

$$\pi_{1/2,\overline{\overline{3}}} = 0.00017\pi_2 + 105.7 \tag{F6.2}$$

$$\pi_{1/3,\overline{2}} = 3590\pi_3^{-1.677} \tag{F7.1}$$

$$\pi_{1/3,\overline{\overline{2}}} = 8080\pi_3^{-2.068} \tag{F7.2}$$

$$\pi'_{1/2,\overline{3}} = (0.917\pi'_2 + 3.672) \times 10^{-3} \tag{F8.1}$$

$$\pi'_{1/2,\overline{\overline{3}}} = (0.326\pi'_2 + 4.275) \times 10^{-3} \tag{F8.2}$$

$$\pi'_{1/3,\overline{2}} = 0.00255\pi'^{0.251}_3 \tag{F9.1}$$

$$\pi'_{1/3,\overline{\overline{2}}} = 0.00228\pi'^{0.314}_3 \tag{F9.2}$$

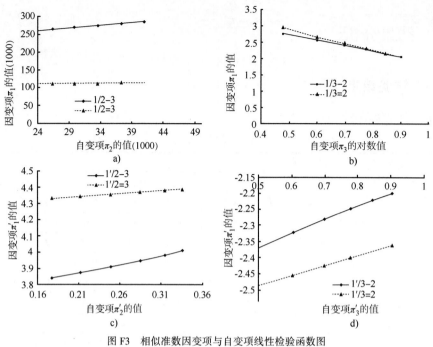

图 F3 相似准数因变项与自变项线性检验函数图

F3.3 函数形式判别

根据相似准数的函数运算关系理论,先假定应力问题的相应相似准数之间存在乘积关系,下面进行检验:

$$\frac{\pi_{1/2,\bar{3}}}{\pi_{1/\bar{2},\bar{3}}}=\frac{0.00152\pi_2+222.5}{258} \quad (F10.1)$$

$$\frac{\pi_{1/2,\bar{\bar{3}}}}{\pi_{1/\bar{2},\bar{\bar{3}}}}=\frac{0.00017\pi_2+105.7}{109.7} \quad (F10.2)$$

$$\frac{\pi_{1/3,\bar{2}}}{\pi_{1/\bar{3},\bar{2}}}=\frac{3590\pi_3^{-1.677}}{258} \quad (F10.3)$$

$$\frac{\pi_{1/3,\bar{\bar{2}}}}{\pi_{1/\bar{3},\bar{\bar{2}}}}=\frac{8080\pi_3^{-2.068}}{279.3} \quad (F10.4)$$

上述4个表达式的验证计算过程见表F3。

木结构截面应力问题相似准数函数关系验证计算过程表　　表F3

π_2	23328	26425	29860	33550	37325	40904
式(F10.1)	1.000	1.018	1.038	1.060	1.082	1.103
式(F10.2)	1.001	1.004	1.010	1.016	1.021	1.027
π_3	3	4	5	6	7	8
式(F10.3)	2.426	1.497	1.030	0.759	0.586	0.468
式(F10.4)	2.983	1.645	1.037	0.711	0.517	0.392

因为式(F10.1)的值约等于式(F10.2)的值,式(F10.3)的值约等于式(F10.4)的值,认为

检验结果可靠。因此,原假定成立,即 $\pi_1' = \pi_{1/2,\bar{3}}' \times \pi_{1/3,\bar{2}}' \times (\pi_{1/\bar{2},\bar{3}}')^{-1}$。再假定挠度问题的相似准数也是乘积关系:

$$\frac{\pi_{1/2,\bar{3}}'}{\pi_{1/\bar{2},\bar{3}}'} = \frac{(0.917\pi_2 + 3.672)}{3.844} \quad (F10.5)$$

$$\frac{\pi_{1/2,\bar{3}}'}{\pi_{1/\bar{2},\bar{3}}'} = \frac{0.326\pi_2 + 4.275}{4.333} \quad (F10.6)$$

$$\frac{\pi_{1/3,\bar{2}}'}{\pi_{1/\bar{3},\bar{2}}'} = \frac{0.00255\pi_3'^{0.251}}{3.844} \quad (F10.7)$$

$$\frac{\pi_{1/3,\bar{2}}'}{\pi_{1/\bar{3},\bar{2}}'} = \frac{0.00228\pi_3'^{0.314}}{3.978} \quad (F10.8)$$

上述 4 式的验证计算过程见表 F4。

木结构跨中挠度问题相似准数函数关系验证计算过程表　　表 F4

π_2'	0.177	0.212	0.249	0.285	0.315	0.336
式(F10.5)	0.997	1.006	1.015	1.023	1.030	1.035
式(F10.6)	1.000	1.003	1.005	1.008	1.010	1.012
π_3'	3	4	5	6	7	8
式(F10.7)	0.878	0.945	1.000	1.048	1.090	1.127
式(F10.8)	0.809	0.886	0.950	1.006	1.056	1.101

因为式(F10.5)的值约等于式(F10.6)的值,式(F10.7)的值约等于式(F10.8)的值,认为检验结果可靠。因此,原假定成立,即 $\pi_1' = \pi_{1/2,\bar{3}}' \times \pi_{1/3,\bar{2}}' \times (\pi_{1/\bar{2},\bar{3}}')^{-1}$ 成立。

F3.4 经验公式及其验证

对于雀替—木梁跨中截面最大应力和结构跨中挠度的计算方法,在对试验结果进行检验与分析的基础上,建立了(F11)、(F12)式两个相似型经验公式。

$$\sigma_w = \frac{P}{c^2}\left(\frac{l^3}{50(W_1 + W_2)} + 3500\right)\left(\frac{l}{c}\right)^{-\frac{5}{3}} \quad (F11)$$

$$\omega_{max} = l \times \left(\frac{2Pl^2}{3(EI_1 + EI_2)} + \frac{5}{2}\right)\left(\frac{l}{c}\right)^{\frac{1}{4}} \times 10^{-3} \quad (F12)$$

为了证明公式(F11)、(F12)两式的正确性,现以弹性模量 $E = 10500$ MPa 的木材做成截面尺寸 $b \times h = 60$ mm $\times 80$ mm,长 $l = 1450$ mm 的矩形截面简支木梁,在荷载 $P = 4000$ N 的作用下组织了验证性试验,其结果见表 F5。

经验公式正确性试验验证结果　　表 F5

条件	σ_w(MPa)			ω(mm)		
$\frac{l}{c}$	经验公式计算值	验证试验测试值	《结构静力计算手册》公式	经验公式计算值	验证试验测试值	《结构静力计算手册》公式
4	10.93	10.57	18.90	5.34	5.41	9.00
5	11.62	11.60	19.50	5.65	5.60	9.10

F4 小结

(1)试验结果显示,各 π 项形成的组分方程线性关系以及相似准数之间乘积函数关系显著;

(2)试验证明,雀替对木结构受弯构件受力性能有特殊作用,即承载能力显著提高,(F11)、(F12)两式的计算结果能够反映矩形截面($h:b=4:3$)雀替结构的受力特性,所建立的经验公式对同类雀替结构的设计具有指导意义。

参考文献(略)

参 考 文 献

[1] 徐挺.相似方法及其应用[M].北京:机械工业出版社,1995:1-25.
[2] 姚谦峰,陈平.土木工程结构试验[M].北京:中国建筑工业出版社,2001:3-4.
[3] 宋彧,张贵文.建筑结构试验.[M]3版.重庆:重庆大学出版社,2010:1-126.
[4] 宋彧,等.如何形象理解相似理论的量纲分析原理[J].科教新论(中).成都:电子科技大学出版社.1998(10):195-196.
[5] 宋彧.《建筑结构试验》课程教学内容的改革与研究.建筑教育改革理论与实践[M].武汉:武汉工业大学出版社,2003(6):409-412.
[6] 宋彧,张贵文,党星海,等.相似模型与缩尺模型特点分析[J].高等建筑教育,2003,12(4):57-58.
[7] 宋彧,张贵文,党星海.相似理论内容的扩充与分析[J].兰州理工大学学报,2004,300(5):123-125.
[8] 宋彧,张贵文,李恒堂,等.雀替木结构受弯构件相似模型设计与试验研究[J],兰州理工大学学报,2005,31(6).
[9] 宋彧,张贵文,党星海,等.雀替构造设计技术的试验研究[J].结构工程师,2004,68(1):57-61.
[10] 宋彧,杨文侠,罗维刚,等.预应力斗栱腹杆空间组合桁架的方案设计与研究[J].建筑科学,2005,21(5):60-63.
[11] 宋彧,杨文侠,罗维刚,等.索—斗栱腹杆空间组合桁架加固动载楼板的应用[J].建筑结构,2007,37(7):72-75.
[12] 张贵文,朱彦鹏,衡涛,等.湿陷性黄土地基应力解除法迫降纠倾试验研究(Ⅰ)[J].建筑科学,2007,(3)(总第116期):38-43.
[13] 张贵文,朱彦鹏,曹辉,等.湿陷性黄土地基应力附加法迫降纠倾试验研究(Ⅱ)[J].建筑科学,2007,(3)(总第116期):43-47.
[14] 宋彧,朱彦鹏,张贵文,等.湿陷性黄土地基刚度软化法迫降纠倾试验研究(Ⅲ)[J].建筑科学,2007,(3)(总第116期):47-52.
[15] 宋彧,张贵文,朱彦鹏,等.湿陷性黄土地基综合法迫降纠倾试验研究[J].土木工程学报,2008,33(2):125-129.
[16] 宋彧,胡志礼.两种预应力方式对扇形弓弦预应力组合结构的影响[J].建筑技术开发,2006,33(5):11-13.
[17] 宋彧,胡志礼.扇形弓弦预应力组合结构试验研究[J].甘肃科学学报,2007,19(1):131-134.
[18] 宋彧,胡志礼.扇形弓弦预应力组合结构力学性能影响参数分析[J].兰州理工大学学报,2007,33(2):125-129.
[19] 宋彧,党星海,罗维刚.某四层砖混结构千斤顶顶升纠倾方案研究与应用[J].建筑结构,2008,38(5):35-37.

[20] 宋彧,孔淑臻,王向阳.低应力低级弱刚度砖混结构迫降纠倾理论与实践[J].兰州理工大学学报,2011.137(1):106-110.

[21] 宋彧,原国华,周乐伟.斜拉筋加固砌体结构抗震性能试验研究[J].建筑技术,2009,40(1):42-44.

[22] 宋彧,原国华,周乐伟.斜拉筋加固砌体结构伪静力试验研究[J].兰州理工大学学报,2009,35(1):117-120.

[23] 宋彧,周乐伟,原国华.砌体结构预应力斜拉筋加固抗震性能试验研究[J].兰州理工大学学报,2008,34(6):117-121.

[24] 宋彧,李爱鹏,王永杰.垂直多腹杆体外预应力加固技术设计内力分析[J].兰州理工大学学报,2010,36(3):118-122.

[25] 宋彧,王永杰,李爱鹏.斜腹杆体外预应力索内力分析[J].工程力学,2011,28(5):143-148.

[26] 宋彧,等.建筑结构加固的分类以及特点分析[J].兰州理工大学学报,2009,35(教学专辑):263-265.

[27] 宋彧,等.结构物倾斜原因与纠倾方法的分类及特点分析[J].高等建筑教育,2009,18(5):82-85.